Justus Freiherr von Liebig

Abhandlung über die Konstitution der organischen Säuren

Justus Freiherr von Liebig

Abhandlung über die Konstitution der organischen Säuren

ISBN/EAN: 9783743458505

Hergestellt in Europa, USA, Kanada, Australien, Japan

Cover: Foto ©berggeist007 / pixelio.de

Manufactured and distributed by brebook publishing software (www.brebook.com)

Justus Freiherr von Liebig

Abhandlung über die Konstitution der organischen Säuren

Abhandlung

über die

CONSTITUTION DER ORGANISCHEN SÄUREN

von

JUSTUS LIEBIG.
1838.

Herausgegeben

von

Hermann Kopp.

LEIPZIG
VERLAG VON WILHELM ENGELMANN
1891.

Ueber die Constitution der organischen Säuren.

[113 Hr. *Dumas* war mit mir übereingekommen, eine Untersuchung über die Constitution mehrerer Klassen organischer Körper im Allgemeinen vorzunehmen², wir beabsichtigten anfänglich unsere Versuche gemeinschaftlich zu publiciren, allein wir halten es jetzt für zweckmässiger, dass jeder von uns die Resultate, zu denen er gelangt, getrennt zur Kenntniss der Chemiker bringt.

Thatsächliches.

Zusammensetzung der Meconsäure und der meconsauren Salze.

Die Formel $C_7H_1O_7$ wird als der Ausdruck der Zusammensetzung der getrockneten Meconsäure nach meiner Analyse der Säure betrachtet[3]: aus der Analyse des Silbersalzes schien sich zu ergeben, dass diese Säure, getrocknet bei $100°$, wasserfrei ist und sich mit Basen verbindet, ohne ein 114 Aequivalent von Wasser, so wie dies bei den Säuren im Allgemeinen der Fall ist, abzugeben. Die Analyse des Silbersalzes war mit so kleinen Mengen und nur einmal angestellt, so dass sie in meinen Augen einer Bestätigung bedurfte. Es hat sich ergeben, dass das seither angenommene Atomgewicht verdoppelt werden muss, sie bildet nämlich drei Reihen von Salzen mit ein, zwei und drei Atomen Base. Für jedes Atom Basis, was sich mit der Säure verbindet, wird 1 Atom Wasser daraus abgeschieden, mit schwer reducirbaren Basen, wie mit Kali, bildet sie nämlich zwei Reihen von Salzen, mit 1 und 2 Atomen fixer Basis, mit leicht reducirbaren, wie mit Silberoxyd ebenfalls zwei Reihen mit 2 und 3 At. fixer Basis *.

---

*) Die zu den folgenden Versuchen verwendete Meconsäure ver-

Meconsäure.

0,740 bei 100° getrockneter Säure lieferten 1,132 Kohlensäure und 0,233 Wasser.

Dies giebt für 100 Th. Säure 42,30 Kohlenstoff und 2,00 Wasserstoff.

Die Zusammensetzung derselben ist demnach:

				berechnet	gefunden
14 At.	Kohlenstoff	1070,090		42,460	42,30
8 »	Wasserstoff	49,918		1,979	2,00
14 »	Sauerstoff	1400,000		55,561	55,70
1 »	Meconsäure	2520,008			

Diese Verhältnisse entsprechen genau den früher gefundenen.

Meconsaures Silber.

Wenn man Meconsäure genau mit Ammoniak neutralisirt, so wird die Flüssigkeit gelb, setzt man nun neutrales [115] salpetersaures Silberoxyd hinzu, so wird ein gelber breiartiger Niederschlag gefällt und die Flüssigkeit wird sauer. Der getrocknete Niederschlag verpufft beim Erhitzen. Vermischt man eine Auflösung von salpetersaurem Silberoxyd mit wässeriger Meconsäure, so erhält man einen blendend weissen Niederschlag, der beim Auswaschen nicht wie der früher dargestellte[*]) krystallinisch wurde. Beim Auswaschen mit kaltem Wasser verändert sich dieser Niederschlag nicht, mit stets erneuertem Wasser gekocht, wird er hingegen citronengelb.

Gelbes meconsaures Silber.

0,909 gelbes meconsaures Silberoxyd lieferten 0,735 Chlorsilber
1,000 »   »   »   »   0,819 »
1,000 »   »   »   »   0,821 »
2,909 geben also . . . . 2,375 Chlorsilber
entsprechend 1921,4 Silberoxyd.

100 Th. enthalten demnach 66,25 Silberoxyd.

---

danke ich der Güte des Hrn. Prof. *Gregory*; sie war sehr rein, besass einen schwachen Stich ins Gelbliche und verflüchtigte sich ohne Rückstand.

[*]) Annal. d. Pharm. Bd. VII. S. 240.

Ueber die Constitution der organischen Säuren. 5

0,585 gelbes meconsaures Silber, welches durch anhaltendes Kochen des weissen Niederschlags mit Wasser dargestellt worden war, lieferten 0,480 Chlorsilber. Hiernach enthalten 100 Theile dieses Niederschlags 66,34 Silberoxyd, was beweist, dass dieses Salz mit dem vermittelst Ammoniak dargestellten eine gleiche Zusammensetzung besitzt.

I. 1,166 gelbes bei 120° getrocknetes meconsaures Silber lieferten 0,673 Kohlensäure und 0,028 Wasser.

II. 1,540 lieferten ferner 0,894 Kohlensäure und 0,031 Wasser.

Diese Resultate geben in 100 Theilen:

	I.	II.
Kohlenstoff	15,960	16,237
Wasserstoff	0,266	0,223
Sauerstoff	17,434	17,200
Silberoxyd	66,340	66,340
	100	100

[116] entsprechend folgender theoretischen Zusammensetzung:

14 At. Kohlenstoff	1070,090	16,368
2 » Wasserstoff	12,179	0,190
11 » Sauerstoff	1100,000	16,828
3 » Silberoxyd	4354,830	66,614
1 At. gelbes meconsaur. Silberoxyd	6537,399	100.

Weisses meconsaures Silber.

Das weisse meconsaure Silber schmilzt beim Erhitzen ohne Verpuffung und hinterlässt glänzend weisses metallisches Silber.

1,077 g bei 120° getrocknet hinterliessen 0,566 Metall
0,923 g   »   »   »   »   0,480   »

Hiernach geben 100 Theile Salz 52,3 Silber, entsprechend 56,179 Silberoxyd.

1,0495 lieferten ferner 0,758 Kohlensäure und 0,051 Wasser.

Dies giebt für 100 Theile:

Kohlenstoff	20,000
Wasserstoff	0,480
Sauerstoff	23,341
Silberoxyd	56,179
	100,000

entsprechend der folgenden theoretischen Zusammensetzung:

14 At.	Kohlenstoff	1070,09	20,580
4 »	Wasserstoff	24,96	0,480
12 »	Sauerstoff	1200,00	23,100
2 »	Silberoxyd	2902,6	55,840
		5197,65	100.

Komensaures Silber.

Die Komensäure[4]) bildet mit Silberoxyd zwei Salze. Mit Ammoniak genau neutralisirt wird sie ebenfalls gelb und giebt alsdann mit Silberoxyd einen gelben voluminösen Niederschlag. [117] Eine Auflösung von Komensäure mit salpetersaurem Silberoxyd vermischt, bringt einen weissen körnigen Niederschlag hervor. Beide verpuffen beim Erhitzen nicht. Die zu diesen Versuchen verwendete Komensäure war durch anhaltendes Kochen von Meconsäure mit concentrirter Salzsäure dargestellt worden.

Gelbes komensaures Silberoxyd.

0,428	lieferten	0,251	Silber
0,890	»	0,520	»
0,420	»	0,243	»
0,534	»	0,300	»
2,272		1,314	Silber

Hiernach liefern 100 Theile Salz 57,83 Silber, entsprechend 62,1082 Silberoxyd.

I. 0,8125 lieferten ferner: 0,552 Kohlensäure u. 0,044 Wasser
II. 1,1625 » » 0,8365 » » 0,073 »

Das Salz enthält demnach in 100 Theilen:

	I.	II.
Kohlenstoff	18,800	20,284
Wasserstoff	0,601	0,697
Sauerstoff	18,491	16,912
Silberoxyd	62,108	62,107

es entspricht folgender theoretischen Zusammensetzung:

12 At.	Kohlenstoff	917,220	19,740
4 »	Wasserstoff	24,959	0,537
8 »	Sauerstoff	800,000	17,243
2 »	Silberoxyd	2903,200	62,480
		4645,379	100

Weisses komensaures Silber.

0,572 lieferten 0,230 Silber
0,647 » 0,262 »

Hiernach liefern 100 Theile 40,36 = 43,5458 Silberoxyd. [118] Das Atomgewicht der mit Silberoxyd verbundenen Säure ist 1866,4. Das Atomgewicht der bei 100° getrockneten hingegen 1967.... Beide unterscheiden sich hiernach um 1 At. Wasser, was bei Verbindung der krystallisirten Säure abgeschieden wurde.

Die Zusammensetzung dieses Silbersalzes ist hiernach:

C_{12}	917,220	27,74
H_6	37,438	1,13
O_9	900,000	27,20
AgO	1451,610	43,93
	3306,268	100.

Citronsaures Silberoxyd.

Dieses Salz wurde durch Fällung von salpetersaurem Silberoxyd mit saurem citronsaurem Ammoniak dargestellt, es ist ein blendend weisses Pulver, welches, dem Lichte ausgesetzt, kaum gefärbt wird und bei 120° nichts am Gewicht verliert. Wenn es getrocknet wird, ohne im feuchten Zustande gepresst worden zu sein, so erhält man es sehr locker, so dass es mit einem glühenden Körper berührt, wie Feuerschwamm fortbrennt, ohne dass es explodirt und durch zu heftige Gasentwickelung Theile des Salzes umhergeschleudert werden.

I. 0,7705 citronsaures Silber bei 100° getrocknet, lieferten 0,485 Silber.
II. 0,900 citronsaures Silber bei 100° getrocknet, lieferten 0,5665 Silber.
III. 0,794 citronsaures Silber bei 100° getrocknet, lieferten 0,500 Silber.

Hiernach liefern 1000 Th. Silbersalz I. 630,2 Silber
II. 629,5 »
III. 629,7 »
entsprechend 67,660 p. c. Silberoxyd. 1889,4
629,8.

119⁻ Es wurde ferner erhalten von 1,5425 g citronsaurem Silberoxyd 0,778 Kohlensäure und 0,134 Wasser, eine zweite Analyse gab von 1,2705 g 0,643 Kohlensäure und 0,238 Wasser. Beide geben in 100 Th.:

	I.	II.
Kohlenstoff	13,940	13,99
Wasserstoff	0,979	0,98
Sauerstoff	17,421	17,37
Silberoxyd	67,660	67,66

Die theoretische Zusammensetzung des citronsauren Silberoxyds ist demnach:

12 At.	Kohlenstoff	917,220	14,254
10 »	Wasserstoff	62,397	0,969
11 »	Sauerstoff	1100,000	17,095
3 »	Silberoxyd	1354,800	67,682
	1 Atom	6431,417	100.

Nach der Formel, welche man der Citronsäure bis jetzt zuschrieb [5], würde man haben erhalten müssen von 1000 Theilen: 619,3 Silber, ferner von derselben Quantität 103,0 Wasser; es sind aber erhalten worden im Mittel 629,8 Silber und nur 88,2 Wasser.

Pyrocitronsäure.

Wenn man krystallisirte Citronsäure in einem Destillirapparate über ihren Schmelzpunkt erhitzt, so verliert sie zuerst eine beträchtliche Menge Wasser, sodann geht bei rascher Destillation eine kaum gefärbte ölartige Flüssigkeit über, welche beim gelinden Verdampfen an der Luft zu einer aus nadelförmigen Krystallen bestehenden Masse erstarrt. Während dieser Periode bemerkt man keine brennbaren Gasarten. Zu Ende der Destillation bräunt sich der Rückstand in der Retorte, es geht eine gefärbte dickflüssige Materie über, die sich mit Wasser stark trübt. Sie scheidet sich damit [120] in eine geringe Menge eines schwarz gefärbten pechartigen Oels; was mit Wasser sich gemischt hat, ist dieselbe Säure, die man bei dem Beginn der Destillation erhielt. Man nimmt an, dass sich hierbei zweierlei brenzliche Säuren bilden [6]), ich habe nur einerlei Krystallform beobachtet und die Säure von Anfang und dem Ende der Zersetzung liefert Salze von derselben Form und den nämlichen Eigenschaften.

In seiner Abhandlung über die Destillation der Citronsäure[*]) hat *Robiquet* eine befriedigende Aufklärung über die, dem ersten Anblick nach, grosse Verschiedenheit der hierbei erhaltenen Producte gegeben. es destillirt einerlei Säure über, das erste Product ist Pyrocitronsäure-Hydrat, das letzte besteht aus dieser Säure im wasserfreien Zustande. Mit Wasser in Berührung, verwandelt sich die letztere in Hydrat; und erst in diesem Zustande nimmt sie eine krystallinische Beschaffenheit an.

Dumas und *Baup* haben die Pyrocitronsäure einer Analyse unterworfen. Der erste Chemiker benutzte zur Darstellung des Bleisalzes die gereinigte Säure aus allen bei der Destillation erhaltenen Producten. *Baup* nahm dazu nur die Krystalle, die sich in den letzten Mutterlaugen bildeten. Da dieser Chemiker nun die Gewohnheit hat, statt seiner Versuche uns lediglich seine Ansichten ausgedrückt in Formeln zu geben, wodurch jedes Urtheil über die Zulässigkeit dieser Formeln abgeschnitten wird, und die Folge mit sich führt, dass seine Analysen als nicht existirend angesehen werden müssen, eben weil sie für uns nicht da sind, so bin ich veranlasst worden, mit einer Portion Pyrocitronsäure, welche identisch in ihren Eigenschaften mit seiner Acide citricique war, diese Analyse zu wiederholen. Das Silbersalz dieser Säure verpufft nicht beim Erhitzen, es lässt sich mit einem [121] glühenden Span anzünden, brennt mit einer leuchtenden Flamme und hinterlässt glänzend metallisches Silber.

0.522 g Silbersalz lieferten 0,326 Silber, entsprechend in 100 Theilen: 67,2163 Silberoxyd
32,7837 Säure
100,0000.

Hieraus ergiebt sich für das Atomgewicht der Pyrocitronsäure die Zahl 704,..., was mit dem des von *Dumas* analysirten Bleisalzes, wie mit dem von *Baup* angenommenen genau übereinstimmt.

---

[*]) Annal. de Chimie et de Phys. T. 65 p. 68.

Die Citronsäure verliert beim Schmelzen eine beträchtliche Quantität Wasser; wenn man das Erhitzen unterbricht, im Moment, wo man einen brenzlichen Geruch bemerkt, so bleibt eine glasartige Masse, die im Wasser gelöst leicht krystallisirt. Die Krystalle schienen mir von denen, welche die Citronsäure bildet, verschieden zu sein [7], auch bildete sie ein Silbersalz von anderer Beschaffenheit, es war nicht körnig krystallinisch, wie das der Citronsäure, sondern ein ausnehmend feines Pulver, was leicht durchs Filter ging und sich nur schwer auswaschen liess. Dieses getrocknete Silbersalz lässt sich ebenfalls entzünden und brennt mit einer Art von Verpuffung fort, allein es wächst hierbei in breiten baum- oder wurmartigen Verästelungen aus, was man bei dem citronsauren Salze nicht bemerkt. Die Analyse liess aber keine bemerkbaren Verschiedenheiten in beiden Salzen wahrnehmen. 1000 Th. lieferten 627—629 Silber, 90,2 Wasser und 146 Kohlenstoff.

Cyanursäure [*).

Die Cyanursäure bildet mit den Metalloxyden drei Reihen von Salzen; zwei Reihen mit 1 und 2 Atomen fixer Basis bildet sie mit den alkalischen Oxyden, eine dritte Reihe mit Silberoxyd.

[122 Sogenanntes saures cyanursaures Kali.

0,720 trocknes Kalisalz lieferten 0,345 geschmolz. cyans. Kali
1,320   »   »   »   0,634   »   »   »

Hiernach liefern 100 Th. cyanursaures Salz 48,00 cyansaures Kali.

1 At. Kali 589,916 sind demnach in diesem Salze verbunden mit 1532,2 Cyanursäure.

Das Atomgewicht der bei 100° getrockneten Cyanursäure ist aber 1627,16 und ihre Formel ist $Cy_6 H_6 O_6$. Das Atomgewicht der mit dem Kali in dem analysirten Salze verbundenen Säure ist aber genau um die Bestandtheile von 1 At. Wasser kleiner, als das Atomgewicht der trockenen Säure. Es ist mithin bei ihrer Verbindung mit Kali 1 At. Wasser abgeschieden worden.

Die Zusammensetzung des Kalisalzes ist:

Ueber die Constitution der organischen Säuren.

					in 100 Th.	
					berechnet	gefunden
6 At.	Cyan	989,732	⎫			
4 »	Wasserstoff	24,959	⎬	1514,689	72	72,28
5 »	Sauerstoff	500,000	⎭			
1 »	Kali	......	589,916		28	27,72
1 »	Kalisalz	......	2104,605		100	100.

Nach der gewöhnlich für die wasserfreie Säure angenommenen Formel für das Kalisalz würden 100 Th. enthalten:

Kali 26,61
Cyanursäure 73,39
100.

Sogenanntes neutrales cyanursaures Kali.

0,538 g trocknes Salz lieferten 0,422 cyansaures Kali
0,900 g   »   »   »   0,696   »   »

Nach der ersten Bestimmung liefern 100 Th. Salz 78,1 cyansaures Kali, nach der zweiten 77,3.

Da nun dieses Salz doppelt so viel Kali enthält als das vorhergehende, so ist das Atomgewicht der mit 2 At. Kali verbundenen Säure 1402,9.

[123] Man erhält nun diese Zahl, wenn von dem Atomgewichte der getrockneten Cyanursäure die Bestandtheile von 2 Atom Wasser abgezogen werden.

Zur Bestimmung des Wasserstoffgehalts dieses Salzes wurde es mit Kupferoxyd verbrannt. 1,1315 cyanursaures Kali lieferten 0,057 Wasser; 1,610 gaben ferner 0,0805 Wasser.

Hiernach besteht es aus:

			berechnet	gefunden	
6 At.	Cyan	989,730			
2 »	Wasserstoff	12,479	0,483	0,503	0,555
4 »	Sauerstoff	400,000			
2 »	Kali	1179,832	45,69	45,70	44,6
		2582,031.			

Wäre dieses Salz aus 1 At. trockner Cyanursäure $Cy_6 H_6 O_6$ und 2 At. Kali zusammengesetzt, so würde es in 100 haben liefern müssen

Wasserstoff 1,333
Kali 42,03

Nach der bisher angenommenen Zusammensetzung würde dieses Salz beim Schmelzen reines wasserfreies saures kohlensaures Ammoniak entwickeln und cyansaures Kali zurücklassen müssen.

$$C_6N_6H_6O_6 + 2KO = C_4N_4O_2 + 2KO + C_2O_4N_2H_6.$$

Nach der soeben angeführten Analyse ist nicht Wasserstoff und Sauerstoff genug darin vorhanden, um die sich abscheidende Cyansäure in Kohlensäure und Ammoniak zu verwandeln, es muss eine bemerkbare Menge im freien Zustande entweichen oder als sog. unlösliche Cyanursäure sublimiren. Die Erfahrung bestätigt diese Voraussetzung.

Cyanursaures Silberoxyd.

Wenn man Cyanursäure genau mit Ammoniak neutralisirt und mit salpetersaurem Silberoxyd vermischt, so entsteht ein [124] dicker weisser käseähnlicher Niederschlag und die Flüssigkeit reagirt alsdann sauer. Versetzt man die Cyanursäure mit überschüssigem Ammoniak und kocht den Niederschlag eine Viertelstunde in der freies Ammoniak enthaltenden Flüssigkeit, so erhält man ein Salz von constanter Zusammensetzung.

Der blendend weisse Niederschlag wird im Lichte nicht geschwärzt, man kann ihn der Temperatur der siedenden Schwefelsäure aussetzen, ohne dass sich seine weisse Farbe im mindesten ändert, bei etwa $300°$ verliert er meistens etwas Ammoniak, wenn man versäumt hat, ihn mit siedendem Wasser auszuwaschen. Der scharf getrocknete Niederschlag zieht mit grosser Begierde etwas Wasser aus der Luft an, was eine genaue Gewichtsbestimmung sehr erschwert.

Bei $100°$ getrocknet gaben 0,690 g 0,483 Silb. = 70 p. c.
» » » » 0,840 g 0,588 » = 70 p. c.
» $240°$ » » 0,510 g 0,361 » = 70,65 p. c.
» » » » 0,712 g 0,502 » = 70,42 p. c.
» $300°$ » » 0,694 g 0,494 » = 71,1 p. c.

I. 1,1985 g lieferten ferner 0,357 Kohlensäure und 0,009 g Wasser.

II. 1,279 g lieferten ferner 0,3665 Kohlensäure und 0,015 g Wasser.

Dies giebt für 100 Theile:

Ueber die Constitution der organischen Säuren. 13

	I.	II.
Kohlenstoff	8,2400	7,9181
Wasserstoff	0,0007	0,0013
Silberoxyd	76,3597	76,3597

Die theoretische Zusammensetzung dieses Salzes ist hiernach:

6 At.	Kohlenstoff	158,61	8,17
6 »	Stickstoff	531,12	
3 »	Sauerstoff	300,00	
	Wasserstoff	000,00	
3 »	Silberoxyd	4354,80	77,14
		5644,530	

[125] Wäre dieses Salz dem zweiten Kalisalz analog zusammengesetzt, so würde 1 At. desselben 2 At. Silber und 1 At. Wasser geben müssen, für 100 Theile demnach 26 Wasser und 627 Silber, die niedrigsten Bestimmungen geben aber für letzteres 700 und für 1000 Theile nur 8 Th. Wasser, dessen Wasserstoff keinen Bestandtheil des Salzes ausmachen kann.

Asparaginsäure [9]).

Wenn man Asparagin mit kaustischer Kalilauge so lange kocht, bis man nicht die mindeste Entwickelung von Ammoniak mehr bemerkt, die Flüssigkeit alsdann mit Salzsäure übersättigt und bis zur Trockne, zuletzt im Wasserbade, abdampft, so bleibt beim Uebergiessen des Rückstandes mit Wasser die Asparaginsäure, sehr weiss und vollkommen kalifrei, zurück.

0,583 bei 100° getrocknete Asparaginsäure lieferten 0,776 Kohlensäure und 0,280 Wasser. Der Stickstoff verhält sich in der Säure zu dem Kohlenstoff wie 1 : 8.

Die Säure besteht hiernach aus:

			berechnet	gefunden
8 At.	Kohlenstoff	611,480	36,47	36,77
2 »	Stickstoff	177,040		
14 »	Wasserstoff	87,356	5,21	5,33
8 »	Sauerstoff	800,000		
1 At.	Säure	1676,876		

Asparaginsaures Silber.

```
0,533 Salz lieferten 0,330 Silber
0,663   »        »   0,412   »
─────                ─────
1,196                0,742
```

100 Theile Salz enthalten mithin 62,04 Silber = 66,62 Silberoxyd.

1,0715 asparaginsaures Silber lieferten ferner 0,546 Kohlensäure und 0,1135 Wasser.

[126]		berechnet	gefunden
8 At. Kohlenstoff	611,480	14,04	14,07
2 » Stickstoff	177,040		
10 » Wasserstoff	62,397	1,41	1,47
6 » Sauerstoff	600,000		
2 » Silberoxyd	2903,200	66,67	66,62
	4354,117		

Gallussäure.

Nach einer Untersuchung des Herrn Professor *Otto* in Braunschweig, welche er in dem hiesigen Laboratorium angestellt hat, ist bis jetzt das wahre Atomgewicht der Gallussäure unbekannt gewesen [10]); diese Säure verbindet sich in ihren Salzen mit zwei Atomen Basis, entweder 1 At. fixer Basis und 1 Atom Wasser, oder mit zwei Atomen fixer Basis. Die zur Darstellung des Blei- und Ammoniaksalzes angewendete Säure besass die früher ausgemittelte Zusammensetzung.

0,533 bei 100° getrocknete Gallussäure lieferten 0,969 Kohlensäure und 0,172 Wasser. Dies giebt für 100 Theile:

7 At. Kohlenstoff	535,045	49,85	50,26
6 » Wasserstoff	37,438	3,45	3,58
5 » Sauerstoff	500,000	46,62	46,16
	1072,483	100	100.

Saures gallussaures Ammoniak.

Dieses Salz war von *Robiquet* dargestellt, es besass einen schwachen Stich ins Graugelbe und verlor beim Erhitzen nichts an seinem Gewichte.

Ueber die Constitution der organischen Säuren.

I. 0,512 g lieferten 0,857 Kohlensäure und 0,212 Wasser
II. 0,548 g   »   0,947   »   » 0,216 »
III. 0,5115 g »   0,862   »   » 0,207 »

Diese Resultate geben in 100 Th.:

	I.	II.	III.
Kohlenstoff	46,28	47,62	46,53
Wasserstoff	4,49	4,38	4,47
Sauerstoff und Stickstoff	49,23	49,00	49,00

[127] und sie führen zu der Formel:

$C_{14} = 1070,09$ 47,6
$H_{16} = 99,83$ 4,14
$N_2 = 177,04$
$O_9 = 900,00$
_____
2246,96

Gelbes gallussaures Bleioxyd.

Es war durch Fällung von überschüssigem essigsaurem Bleioxyd mit reiner Gallussäure dargestellt worden; der erste Niederschlag ist flockig und weiss, beim Kochen wird er aber krystallinisch körnig und gelb, beim Trocknen grau, wobei er nichts am Gewichte verliert.

1,300 Bleisalz lieferten 0,990 Bleioxyd = 76,15 p. c.
1,577 »   »   1,199   » = 76,03 p. c.
1,2253 Bleisalz lieferten 0,6645 Kohlensäure und 0,060 Wasser
1,0100 »   »   0,541   »   » 0,051

Dies giebt für 100 Th. Salz:

	I.	II.
Kohlenstoff	14,986	14,670
Wasserstoff	0,523	0,551
Sauerstoff	8,411	8,689
Bleioxyd	76,090	76,090

entsprechend folgender Formel:

7 At. Kohlenstoff	535,048	14,71
2 » Wasserstoff	12,479	0,34
3 » Sauerstoff	300,000	8,25
2 » Bleioxyd	2789,000	76,70
	3636,527	100,00

Weisses gallussaures Bleioxyd.

Man erhält dieses Salz, indem man essigsaures Bleioxyd zu einer wässerigen Auflösung von Gallussäure bringt, mit der Vorsicht, dass die letztere im Ueberschusse vorhanden bleibt. [128] Man erhält sogleich einen Niederschlag, der sich nach einigen Stunden in ein weisses, kaum grau gefärbtes krystallinisches Pulver verwandelt, unter der Lupe sind die Krystalle glänzend und durchscheinend.

Ich habe von 0,728 bei 100° getrocknetem Salz erhalten 0,422 Oxyd, dies giebt 58,1 p. c.

Professor *Otto* erhielt von 0,7365 Salz 0,585 Kohlensäure und 0,113 Wasser.

Dies giebt für 100 Th.:

Kohlenstoff	21,8
Wasserstoff	1,6
Sauerstoff	18,5
Bleioxyd	58,1

entsprechend der Formel:

C_{14}	$= 1070,090$	22,190
H_{10}	$= 62,479$	1,296
O_9	$= 900,000$	18,640
$2PbO$	$= 2789,000$	57,874
	$4821,487$	100.

Beim Erhitzen auf 160° verliert dieses Salz 1 At. Wasser und in diesem Zustande wird seine Zusammensetzung durch die Formel $C_7 H_4 O_4 + PbO$ ausgedrückt.

Gerbsäure.

Nach den von *Berzelius*, *Pelouze* und mir angestellten Analysen der Gerbsäure ist ihre empirische Formel im getrockneten Zustande $C_{18} H_{16} O_{12}$ [11]). Diese Säure bildet mit den Basen mehrere Reihen von Salzen. *Berzelius* fand, dass der durch Fällung von essigsaurem Bleioxyd mit Gerbsäure erhaltene Niederschlag beim Kochen mit Wasser bleifreie Gerbsäure an letztere abgiebt, während eine Verbindung zurückbleibt, welche in 100 Th. 34,21 p. c. Bleioxyd enthält; hierauf berechnet sich das Atomgewicht der Gerbsäure zu 2682,... [129] und es schien sich daraus zu ergeben, dass diese Säure sich mit Bleioxyd verbindet, ohne ein Aequivalent Wasser abzugeben. Die von *Berzelius* angestellte Analyse dieses Salzes mit Kupferoxyd widerspricht dieser Voraussetzung, die erhaltenen Verhältnisse stimmen, auf zwei Atome Bleioxyd berechnet, viel genauer mit folgender Zusammensetzung überein.

				gef.	*Berzelius*.
36 At.	Kohlenstoff	2751,660	52,52	52,49
30 »	Wasserstoff	187,192	3,57	3,79
23 »	Sauerstoff	2300,000	43,91	43,72
		5238,852		

Das von *Berzelius* analysirte Bleisalz ist hiernach:

		in 100	*Berzelius*.
Das obige Gewicht Gerbsäure	5238,852	66,09	65,79
2 At. Bleioxyd	2689,000 [12])	33,91	34,21
	7927,852	100	100

Ich halte diese Verhältnisse für den wahren Ausdruck der Zusammensetzung des von *Berzelius* analysirten Salzes; die Säure konnte, mit Bleioxyd verbunden, diejenigen Veränderungen an der Luft nicht erfahren, denen die Säure ungebunden so leicht unterworfen ist, sodann kann ich mir durchaus die bedeutende Abweichung in dem von ihm gefundenen Wasserstoff mit dem Mehrbetrag an diesem Element in der freien Säure nicht anders erklären, auch stimmt der von ihm erhaltene Kohlenstoff vollkommen mit dem Resultat der Berechnung, und Operationsfehler in seinen Analysen anzunehmen, blos weil sie zu unsern Ansichten nicht passen, scheint mir zu voreilig zu sein. Ich bin durch alles dieses bewogen worden, einige Versuche über die gerbsauren Bleisalze anzustellen, welche wohl geeignet sind, unseren Ansichten eine bestimmtere Richtung zu geben.

Wenn man eine Auflösung von reiner Gerbsäure in eine kochende [130] Auflösung von essigsaurem Bleioxyd giesst, in der Art, dass ein Theil des letzteren im Ueberschusse vorhanden ist, so bildet sich ein gelblicher pulveriger Niederschlag, welcher ein neues Bleisalz ist. Man ist sicher, es vollkommen rein und von constanter Zusammensetzung zu haben, wenn man es eine Viertelstunde in der Flüssigkeit, welche viel Bleioxyd, allein auch einen grossen Ueberschuss von Essigsäure enthält, kochen lässt.

Dieses Salz ist so wenig löslich, dass das zuletzt davon abfliessende Waschwasser durch Schwefelwasserstoff nicht mehr gefärbt wird.

Bei gewöhnlicher Temperatur getrocknet, ist der Niederschlag gelblich, bei 100° getrocknet, wird er weissgrau. Von 0,440 g des trockenen Salzes, dargestellt vermittelst einer ganz farblosen Gerbsäure, wurden erhalten 0,279 Oxyd = 63,4 p. c. 1,530 g lieferten ferner 0,980 Oxyd = 64 p. c., 0,621 g lieferten ferner 0,398 Bleioxyd = 64,09 p. c., 1,454 g lieferten ferner 0,145 Wasser und 1,079 Kohlensäure.

Hiernach enthalten 100 Th.:

Kohlenstoff	20,541
Wasserstoff	1,110
Sauerstoff	12,519
Bleioxyd	63,830
	100,000

entsprechend folgender theoretischen Zusammensetzung:

18 At.	Kohlenstoff	1375,83	21,09
10 »	Wasserstoff	62,39	0,95
9 »	Sauerstoff	900,00	13,81
3 »	Bleioxyd	1183,50	64,15
		6521,72	100

Aus dem nämlichen Bleisalze von einer andern Portion etwas gefärbter Gerbsäure dargestellt, wurden 63,4, 63,7 und 63,0 p. c. Bleioxyd erhalten, was die constante Zusammensetzung dieses Salzes ausser allen Zweifel setzt.

[131] Aus der Zusammensetzung der in diesem Salze enthaltenen Säure geht hervor, dass das von *Berzelius* analysirte Bleisalz durch die Formel $2\ (C_{18}H_{10}O_9) + \begin{matrix} 2\ PbO \\ 4\ H_2O \end{matrix} \Big\} + $ aq. oder durch

$C_{18}H_{10}O_9 + \begin{matrix} 2\ H_2O \\ PbO \end{matrix} \Big\} + \frac{1}{2}$ aq. ausgedrückt werden muss.

Da die Gallussäure eine vollkommen ähnliche Verbindung bildet, so scheint mir diese Thatsache jeden Zweifel zu beseitigen.

Weinsäure.

Die Weinsäure ist schon so oft mit dem nämlichen Erfolge analysirt worden, dass eine neue Analyse derselben überflüssig erscheinen mag [13]); ich hielt es nichts desto weniger für nothwendig, die Zusammensetzung ihres Silbersalzes zu kennen.

Von 0,963 weinsaurem Silber wurde erhalten 0,571 Silber. Hiernach berechnet sich das Atomgewicht der Säure zu 827,9. Hieraus erhellt, dass das weinsaure Silber die nämliche Zusammensetzung wie das von *Berzelius* analysirte weinsaure Blei besitzt.

Ich habe versucht, das in mehreren Werken beschriebene Doppelsalz von weinsaurem Kali mit weinsaurem Silber darzustellen, es ist mir aber nicht gelungen. Giesst man salpetersaures Silberoxyd in einen grossen Ueberschuss einer kochenden Auflösung von neutralem weinsaurem Kali, so setzt sich beim Erkalten ein Salz in silberglänzenden Blättchen ab, es enthält keine Spur Kali, sondern ist reines weinsaures Silber. Kocht man Weinstein mit Silberoxyd, so bemerkt man eine Entwickelung von Kohlensäure, die Flüssigkeit wird bald neutral und giebt nach dem Erkalten Krystalle von essigsaurem Silberoxyd.

Das weinsaure Silberoxyd besteht aus:

	gefunden	berechnet
Silberoxyd	63,6864	63,60
Weinsäure	36,3136	36,40
	100	100

[132] **Brechweinstein.**

Nach den Untersuchungen von *Dulk*, *Wallquist*, *Brandes* enthält frischkrystallisirter Brechweinstein zwei Atome Wasser, was er bei 100° verliert. 1000 Th. Brechweinstein verlieren demgemäss 51,25 Wasser.

0,844 bei 100° getrockneter Brechweinstein gaben mit Kupferoxyd verbrannt 0,453 Kohlensäure und 0,100 Wasser.

0,6835 lieferten ferner 0,071 Wasser.
0,900 » » 0,098 »

im Mittel gaben durch Verbrennung 1000 Th. getrockneter Brechweinstein 106,4 Wasser.

Ein Atom getrockneter Brechweinstein 4164,23 müssen durch Verbrennung 4 Atome 449,2 Wasser liefern, 1000 Th. mithin 108, .. Theile, es sind, wie bemerkt, erhalten worden für diese Quantität 106,4 Wasser, was so nahe wie möglich mit der Annahme übereinstimmt, dass dieses Salz bei 100° getrocknet 8 Atome Wasserstoff enthält. Wenn man bei 100° getrockneten Brechweinstein in einer Glasröhre über einer schwachen Spiritusflamme einer höheren Temperatur aussetzt, mit der Vorsicht, dass man durch beständiges Drehen der Röhre das Salz zwingt, seinen Platz unaufhörlich zu wechseln, so kann es eine Temperatur von 300° vertragen, ohne dass das Pulver seine blendend weisse Farbe verliert. Hierbei giebt es eine sehr bedeutende Menge Wasser ab, was sich in dem oberen Theil der Röhre verdichtet und mit Fliesspapier leicht hinweggenommen werden kann.

1,182 Brechweinst. (b. 100° getrockn.) verlor. b. 300° 0,065 Wass.
0,939 » » » » 0,051 »
0,970 » » » » 0,053 »

Man erhält mithin aus 1000 Th. bei 100° getrocknetem Brechweinstein in einer höheren Temperatur ohne die geringste Schwärzung dieses Salzes 54,6 Wasser. Dies ist aber genau die Hälfte derjenigen Quantität, die man daraus durch Verbrennung [133] erhielt. Das bei 100° getrocknete Salz liefert im Ganzen 4 Atome Wasser, also 8 Atome Wasserstoff, von diesen kann man durch höhere Temperatur austreiben 2 Atome, die Säure des rückständigen Brechweinsteins kann mithin nicht mehr als 4 Atom Wasserstoff enthalten.

Zieht man ab von 1 At. bei 100° getrockneten Brechweinstein . . . $C_8 H_8 O_{10} + \genfrac{}{}{0pt}{}{KO}{Sb_2 O_3}\}$

2 At. Wasser $H_4 O_2$

so bleibt für das bei

300° getrocknete $C_8 H_4 O_8 + \genfrac{}{}{0pt}{}{KO}{Sb_2 O_3}\}$.

I. 0,870 g bei 300° getrockneter Brechweinstein lieferten bei der Verbrennung 0,052 g Wasser und 0,489 Kohlensäure.

II. 3,510 g gaben ferner 0,215 g Wasser. Dies giebt für 1000 Th. Salz 60,97 Wasser.

Nach der Formel $C_8H_4O_8 + \begin{matrix} KO \\ Sb_2O_3 \end{matrix}\Big\}$ sollten 1000 Theile liefern 57,10 Wasser. Man kann hiernach die folgende Formel als den wahren Ausdruck des bei 300° getrockneten Brechweinsteins betrachten.

				berechnet*)	gefunden
8 At.	Kohlenstoff	611,480	15,27	15,54
4 »	Wasserstoff	24,959	0,64	0,67
8 »	Sauerstoff	800,000	20,55	
1 »	Kali	589,916	14,98	
1 »	Antimonoxyd	1912,904	48,56	
1 At.	Brechweinstein	3939,259	100,00	

[134] Traubensäure.

1,162 g traubensaures Silberoxyd lieferten 0,687 g metallisches Silber. Hiernach besteht dieses Salz aus:

	gefunden	berechnet
Silberoxyd	63,527	63,60
Säure	36,273	36,40
	100	100

Diese Verhältnisse beweisen, dass dieses Salz eine dem Bleisalz analoge Zusammensetzung besitzt.

Traubensaures Antimonoxydkali.

Man nimmt gewöhnlich an, dass dieses Salz dem Brechweinstein analog zusammengesetzt ist. Um in dieser Beziehung auf eine positive Thatsache zu fussen, habe ich die darin enthaltene Quantität Kali bestimmt. Das bei gewöhnlicher Temperatur getrocknete Salz wurde in einem verschlossenen Tiegel verkohlt, das gebildete kohlensaure Kali mit Wasser ausgezogen, die

---

* Die Ursache, dass man bei dieser Verbrennung die ganze gebildete Kohlensäure erhielt, dass nämlich bei dem Kali keine Kohlensäure zurückblieb, beruht unstreitig darauf, dass jedes At. Kali mit einem At. Antimonoxyd umgeben ist, was bei der Rothglühhitze schmilzt und die Kohlensäure, die sich mit dem Kali verbinden würde, austreibt.

Flüssigkeit mit Salzsäure neutralisirt im Wasserbade abgedampft und der trockene Rückstand geschmolzen.

4,509 lieferten 0,960 Chlorkalium. Dies giebt für 100 Theile Salz 21,07 Chlorkalium, entsprechend 13,46 Kali. Nach der Formel $2 (C_4H_4O_5) + \begin{Bmatrix} KO \\ Sb_2O_3 \end{Bmatrix}$ würde es in 100 Th. enthalten 13,140 Kali.

Auch dieses Salz enthält wie der Brechweinstein eine gewisse Quantität Krystallwasser, was es bei $100°$ leicht verliert. Das bei dieser Temperatur getrocknete Salz, einem höheren Wärmegrad ausgesetzt, giebt ebenfalls eine neue Quantität Wasser ab.

2,686 verloren bei $260°$, ohne die weisse Farbe im geringsten zu ändern, 0,150 Wasser, 1000 Th. mithin 55,02 Wasser. Die Zusammensetzung desselben bei dieser Temperatur ist hiernach absolut die nämliche, wie die des Brechweinsteins.

[135] Aepfelsäure[14]).

Die Herren *Richardson* und *Merzdorf* beschäftigten sich im verflossenen Jahre mit der Untersuchung einiger äpfelsauren Salze, welche ich hier wiedergeben will, indem ich sie für zuverlässig halte.

Aepfelsaurer Kalk.

Man weiss, dass die Aepfelsäure sich in zwei Verhältnissen mit Kalk verbindet, zu einem sauren Salze, was leicht krystallisirt, und zu einem andern, was so gut wie unlöslich im Wasser ist.

Neutraler äpfelsaurer Kalk. Beim Uebergiessen von kohlensaurem Kalk mit verdünnter Aepfelsäure erhält man eine vollkommene Auflösung bei gewöhnlicher Temperatur. Die Flüssigkeit reagirt übrigens sehr sauer, so gross der Ueberschuss von Kalk auch sein mag. Wird diese Flüssigkeit zum Sieden erhitzt, so gerinnt sie zu einer Art von krystallinischem Brei, der sich in Wasser und überschüssiger Aepfelsäure kaum löst. Seine Zusammensetzung entspricht der Formel $M\,CaO + aq$. Bei $200°$ verliert es das Wasser. Neutralisirt man Aepfelsäure genau mit Kalkwasser und lässt die Flüssigkeit unter der Luft-

Ueber die Constitution der organischen Säuren. 23

pumpe verdampfen, so erhält man daraus grosse dünne glänzende Krystalle in der Form von Blättern. Die rückständige Flüssigkeit reagirt sauer. Die Krystalle lösen sich im Wasser leicht, und können an der Luft durch Verdampfen wiedererhalten werden. Erhitzt man die Auflösung aber zum Sieden, so schlägt sich weisser unlöslicher äpfelsaurer Kalk, nämlich das vorhererwähnte Salz nieder.

0,418 g über Schwefelsäure getrocknet verloren bei 100^{0} 0,068, bei 150^{0} 0,052, bei 180^{0}, wo kein weiterer Verlust stattfand, 0,0115 g, im Ganzen also 71,5 g, entsprechend 17 p. c. Wasser.

0,1715 g bei 200^{0} getrocknetes Salz hinterliessen [136 0,098 kohlensauren Kalk, woraus sich das Atomgewicht 1076 berechnet. Das Atomgewicht des neutralen Salzes ist 1086. Bei 150^{0} getrocknet lieferten 0,379 g 0,210 kohlensauren Kalk. Das Atomgewicht hiernach berechnet ist 1172. Das bei gewöhnlicher Temperatur getrocknete Salz ist demnach $\overline{M,CaO}$ + 2 aq., bei 150^{0} wird es zu $\overline{M, CaO}$ + aq., bei 200^{0} verliert es alles Wasser. Mit dem Verlust von 1 At. Wasser verliert es vollständig seine Löslichkeit.

Saurer äpfelsaurer Kalk. 1,104 wohlkrystallisirtes und reines Salz verloren bei 100^{0} 0,247 g, bei 185^{0} fand ein neuer Verlust von 0,096 g statt.

1,058 Salz hinterliessen ferner bei 185^{0} getrocknet 0,820 g. 0,349 g bei 185^{0} getrocknetes Salz hinterliessen 0,1135 kohlensauren Kalk. Bei dieser Temperatur getrocknet ist mithin dieses Salz $\overline{M_2}$, CaO, aq., bei 100^{0} $\overline{M_2}$, CaO, 5 aq., bei gewöhnlicher Temperatur $\overline{M_2}$, CaO, 9 aq.

Aepfelsaurer Baryt.

Kohlensaurer Baryt löst sich in verdünnter Aepfelsäure in der Kälte in Menge auf, ohne dass die Flüssigkeit ihre saure Reaction verliert. Wenn man diese Auflösung in der Wärme abdampft, so setzt sich daraus ein schweres krystallinisches Pulver ab, was in kaltem Wasser unlöslich ist. 0,2236 g dieses bei 100^{0} getrockneten Niederschlags lieferten 0,162 kohlensauren Baryt, was zu der Formel M, BaO führt.

Wird die kalte Auflösung des Baryts in Aepfelsäure unter der Luftpumpe bei gewöhnlicher Temperatur verdampft, so setzen sich daraus dünne durchsichtige Blätter eines Salzes ab, was sich in kaltem Wasser mit grosser Leichtigkeit wieder löst. Die Flüssigkeit, worin sich diese Krystalle gebildet hatten, reagirte stark sauer, die Auflösung des Salzes selbst besass keine Reaction auf Pflanzenfarben.

137] 0,6454 g dieses Salzes verloren bei 220° 0,0684 Wasser = 10,6 p. c.

0,179 g getrocknetes Salz hinterliessen 0,130 kohlensauren Baryt. Hieraus ergiebt sich, dass dieses Salz nach der Formel $\overline{M}$, BaO + 2 aq. zusammengesetzt ist.

Wird eine gesättigte Auflösung dieses Salzes in kaltem Wasser zum Sieden erhitzt, so wird die Flüssigkeit sogleich trübe und es schlägt sich wasserfreier äpfelsaurer Baryt in Menge nieder. Bei 100° verliert dieses Salz eine gewisse Quantität Wasser, die nicht bestimmt wurde, ohne dass es seine Auflöslichkeit einbüsste.

Aepfelsaures Kupfer.

Wenn ein Ueberschuss von Aepfelsäure mit kohlensaurem Kupferoxyd gekocht wird, so bleibt ein grünes in Säure und Wasser unlösliches Pulver, was über concentrirter Schwefelsäure getrocknet wurde.

0,324 g lieferten in 0,142 Kupferoxyd
0,331 »   »   » 0,148   »

I. 1,1085 g gaben 0,301 Wasser und 0,7295 Kohlensäure
II. 0,5117 »   »   0,145   »   » 0,324   »

Dies giebt für 100 Th.:

	I.	II.
Kupferoxyd	43,83	43,83
Kohlenstoff	18,19	17,60
Wasserstoff	3,00	3,13
Sauerstoff	34,98	35,44
	100	100

Diese Verhältnisse entsprechen genau der Formel $2\overline{M}$ + 3 CuO + 4 aq. Digerirt man kohlensaures Kupferoxyd in der Kälte mit einem Ueberschuss von Aepfelsäure, so löst sich eine beträchtliche Menge auf. Kocht man die Auflösung, so fällt sogleich das vorhin erwähnte unlösliche Salz nieder. [138] Verdampft man die kalt gesättigte Auflösung bei 40—50° oder unter der Luftpumpe, so erhält man kleine wohlausgebildete Krystalle von schön dunkelgrüner Farbe; die rückständige Flüssigkeit enthält eine grosse Menge freier Aepfelsäure und ist ganz farblos. Unter der Luftpumpe über Schwefelsäure getrocknet wird dieses Salz blau.

1,463 g dieses Salzes hinterliessen 0,603 Kupferoxyd. Das Atomgewicht des Salzes ist hiernach 1202,6 und seine Formel $2\overline{M} + 3 CuO + 6$ aq.

Löst man Kupferoxydhydrat in der Kälte in concentrirter Aepfelsäure, und vermischt diese Auflösung mit Weingeist, so schlägt sich ein bläulichgrünes Salz nieder, was auch nach dem Trocknen sich wieder leicht und ohne Rückstand im Wasser löst; die Auflösung reagirt sauer, bleibt sie einige Tage stehen, so setzt sich das vorhergehende Salz daraus ab; beim Kochen der Auflösung bildet sich ein Niederschlag, welcher das nämliche Kupfersalz mit 4 At. Wasser ist. Nach einer Analyse, welche übrigens wiederholt werden muss, besteht dieses Salz aus $2M + 3 CuO + 5$ aq.

Theorie.

Die vorhergehenden Versuche über die Zusammensetzung einer Reihe von Salzen, die durch organische Säuren gebildet werden, zeigen, dass unsere gewöhnlichen Vorstellungen [15] über die Constitution vieler Säuren geändert werden müssen. Wir sind gewohnt gewesen, diejenige Quantität Säure, welche sich mit einem Atom Basis vereinigt, als das Gewicht von einem Atom Säure zu betrachten. Diese Annahme ist entschieden irrig für neun organische Säuren, so wie sie falsch ist für die Phosphorsäure und Arsensäure [16]).

Auf ein Atom Basis enthält [17] die Phosphorsäure $\frac{2}{3}$ Atom Phosphor und $1\frac{2}{3}$ Atom Sauerstoff. Diese Verhältnisse sind im Widerspruch mit den wohlbegründetsten Gesetzen der atomistischen 139] Theorie, sie sind im Widerspruch mit der Lehre von den Aequivalenten [18]. Wir schreiben deshalb einem Atom Phosphorsäure die Fähigkeit zu, sich mit mehr als einem Atom Basis verbinden zu können, wir nehmen an, dass ihre Salze drei Atome Basis enthalten. Jedes von diesen drei Atomen Basis kann vertreten werden durch ein Aequivalent von Wasser, was in diesem Fall, wie man voraussetzt, die Rolle einer Basis spielt. Nach den verdienstvollen Arbeiten *Graham's* versinnlichen wir uns die Zusammensetzung aller phosphorsauren Salze durch die folgenden Formeln, in denen M O Metalloxyd und 2 P ein Atom Phosphorsäure bedeutet.

2 P + 3 aq. Phosphorsäurehydrat

2 P + 3 M O Salz mit 3 At. fixer Basis

2 P + $\genfrac{}{}{0pt}{}{2\,MO}{aq.}$} Salz mit 2 At. fixer Basis und 1 At. Wasser.

2 P + $\genfrac{}{}{0pt}{}{MO}{2\,aq.}$} Salz mit 1 At. fixer Basis und 2 At. Wasser.

Man weiss nun, dass die Phosphorsäure aber nicht blos in Beziehung auf die abweichenden Verhältnisse, in denen sie sich mit Basen verbindet, eine Ausnahme von der gewöhnlichen Regel darstellt, sondern es ist wohl bekannt, dass sie für sich oder in manchen ihrer Salze, wenn sie einer gewissen Temperatur ausgesetzt worden, unter Verlust von Wasser neue Eigenschaften annimmt.

Eine der am meisten hervorstechenden dieser neuen Eigenschaften ist eine Verminderung ihrer Sättigungscapacität[19]). Die Pyrophosphorsäure vereinigt sich in allen ihren Salzen nur mit 2 Atomen Basis[20]). Diese beiden Atome Basis können sein 2 Atome Metalloxyd, oder 1 Atom Metalloxyd neben einem Atom Wasser. Auf 1 Atom Basis sind in diesen Salzen 1 Atom Phosphor und $2\frac{1}{2}$ Atom Sauerstoff, also mehr an beiden Elementen, als wie in den gewöhnlichen phosphorsauren Salzen enthalten. [140 ihre Constitution kann man sich durch die Annahme versinnlichen, dass in das Radical der gewöhnlichen Phosphorsäure $\frac{1}{3}$ von dem Gewichte seines Atoms an Phosphor und Sauerstoff eingegangen ist, ohne die Sättigungscapacität zu vermehren[21]. Die Constitution derselben ist auf die nämliche Quantität Basis folgende:

3 P + 3 aq. Pyrophosphorsäurehydrat

3 P + 3 M O Salz mit 3 At. fixer Basis

3 P + $1\frac{1}{2}$ M O + $1\frac{1}{2}$ aq. Salz mit der Hälfte fixer Basis und der Hälfte Wasser.

Die Metaphosphorsäure neutralisirt in ihren Salzen auf die nämliche Quantität Sauerstoff und Phosphor nur 1 Atom Basis, ihre Constitution auf dieselbe Basismenge, die in den gewöhnlichen phosphorsauren Salzen enthalten ist, wäre hiernach:

6 P + 3 aq. Metaphosphorsäurehydrat
6 P + 3 MO ein metaphosphorsaures Salz.

Ich bin weit entfernt, die angeführten Formeln als den wahren Ausdruck für die Constitution der verschiedenen phosphorsauren Salze zu betrachten[22]), allein für die Entwickelungen, welche ich in dieser Abhandlung zu geben habe, ist die Betrachtung derselben gerade in der bezeichneten Form eine Erleichterung für das Verständniss derselben.

Manche Chemiker sind geneigt, die Verschiedenheiten in den Modificationen der Phosphorsäure abzuleiten von dem Wassergehalt, welcher in diesen Säuren in ihrem isolirten Zustande enthalten ist, in der Art also, dass die Eigenschaft der gewöhnlichen Phosphorsäure sich mit 3 At. Basis zu verbinden, abhängig gemacht wird von den 3 Atomen Hydratwasser, welche in ihren Verbindungen mit fixen Basen ganz einfach vertreten sein würden. Diese Erklärung weist wohl die bekannte Beziehung nach, in welcher die Hydrate dieser Säuren zu ihren Salzen stehen, ohne aber den geringsten 141] Aufschluss zu geben, warum mit der Entfernung von einem oder zwei Atomen Wasser, die Eigenschaften der Säure auf eine so auffallende Weise sich ändern, *warum* das Hydrat der einen Säure *drei*, das der andern nur 1 oder 2 Atome Wasser enthält, *warum* die Säure mit 1 Atom Wasser die verlorenen 2 Atome Wasser nicht augenblicklich wieder aufnimmt, wenn man sie damit zusammen bringt. Man kann metaphosphorsaures Natron durch Schmelzen mit gewissen Mengen kohlensaurem Natron, nach Belieben in pyrophosphorsaures oder phosphorsaures Natron verwandeln, eine Veränderung, die ohne Wasser vor sich geht.

Es ist klar, dass die Verwandlung der Phosphorsäure in Meta- und Pyrophosphorsäure darauf beruht, dass in das Radikal der Säure eine neue Quantität Phosphor und Sauerstoff eingeht, in der Art, dass das Gewicht des Atoms sich vermehrt, ohne dass die Sättigungscapacität in demselben Verhältniss zunimmt, vollkommen so, wie durch Hinzutreten von schwefliger Säure zu Schwefelsäure Unterschwefelsäure gebildet werden kann. Um in dieser Beziehung nicht missverstanden zu werden, ist es nöthig, sich die Phosphorsäure als eine flüchtige oder zersetzbare Säure zu denken. Metaphosphorsaures Natron 6 P + 3 NaO würde in diesem Fall übergehen in pyrophosphorsaures Natron durch Verlust von 3 P und in phosphorsaures durch Verlust von 4 P.

Herr *Graham* hat zwei Varietäten von phosphorsaurem Natron beschrieben, welche gleiche Zusammensetzung mit metaphosphorsaurem Natron besitzen, ohne identisch mit demselben in ihren Eigenschaften zu sein. Die Auflösung des einen dieser Salze giebt mit neutralen Silbersalzen pyrophosphorsaures Silberoxyd und die Flüssigkeit wird sauer, dem anderen anomalen phosphorsauren Natron lässt sich durch Alkalien bei der Digestion hingegen gewöhnliche Phosphorsäure entziehen. Hier besteht also eine bestimmte nachweisbare [142] Verschiedenheit, welche in dem Zustande der Säure begründet sein muss. Es hat, und dies ist wohl zu beachten, derselbe Wasserverlust stattgefunden, welcher die Veränderung des phosphorsauren Natrons in Metaphosphorsäure begleitet, ohne dass diese Umwandlung dadurch bedingt worden wäre. Es ist also offenbar, dass wir die Ursache derselben in einer neuen Ordnung in den Atomen der Phosphorsäure zu suchen haben, die in dem einen Fall stattgefunden hat, und in den beiden andern nicht. Bis jetzt ist keine Erklärung dieser Anomalie versucht worden. Wenn man aber die vorhin gegebenen Formeln betrachtet, so lässt sich diese Verschiedenheit bei gleicher Zusammensetzung auf folgende Weise versinnlichen [23]. P_2 bezeichnet hier wie oben Phosphorsäure, P_3 Pyro- und P_6 Metaphosphorsäure.

Phosphorsäure.	Pyrophosphorsäure.	Metaphosphorsäure.
$3\,P_2 + 3\,NaO$	$2\,P_3 + 3\,NaO$	$P_6 + 3\,NaO$

oder

Phosphorsäure.	Pyrophosphorsäure.	Metaphosphorsäure.
$P_2, 3\,NaO + 2\,P_2$	$P_3, 3\,NaO + P_3$	$P_6, 3\,NaO$

In dem phosphorsauren Salze wäre hiernach gewöhnliches phosphorsaures Natron enthalten P_2O_5, $3\,NaO$ in Verbindung mit 2 Atom Phosphorsäure, welcher man im wasserfreien Zustande keine sauren Eigenschaften zuschreiben kann; in dem zweiten wäre die Verwandlung zur Hälfte, in dem dritten wären die Elemente der wasserfreien Säure gänzlich in das Radikal der neuen Säure eingegangen.

Wir kennen in der organischen Chemie eine Reihe von Verbindungen, welche bei gleicher Zusammensetzung ungleiche Eigenschaften besitzen; bei vielen derselben weiss man, dass sie durch die verschiedene Weise bedingt ist, in welcher die Atome ihrer Elemente geordnet sind, die Ursache ihrer Verschiedenheit ist für den Verstand klar ermittelt. Alkohol und Methyloxyd (C_2H_6O), ameisensaures Methyloxyd, Essigäther [143] und Aldehyd besitzen einerlei Zusammensetzung, wir wissen, dass ihre Constitution verschieden ist, hier ist keine Aufgabe mehr zu lösen.

Wir haben eine andere Klasse von Verbindungen, bei denen wir über die Ursache ihrer Verschiedenheit bei absolut gleicher Zusammensetzung so viel wie nichts wissen. Diese Klasse von Körpern nennen wir *isomere*[24]). Die Phosphorsäure gehörte zu dieser Klasse. Jeder von uns kann sich in die Zeit zurückversetzen, wo die Entdeckung der veränderten Eigenschaften, welche diese Säure beim Glühen annimmt, gemacht wurde. Es schien mit der Säure etwas Wunderbares und Unbegreifliches vorzugehen, es war wie ein Schleier, der unsere gewöhnlichen Begriffe verdunkelte. Die Phosphorsäure hörte auf Phosphorsäure zu sein, es schien allen unsern Ansichten eine Umwälzung bevorzustehen.

Man kennt jetzt die Gesetze dieser Veränderungen, sie sind in gewisse Grenzen eingeschlossen und in Regeln gebracht, alles hat sich auf eine unerwartet einfache Weise gestaltet. Das Resultat, was die Philosophie der Chemie daraus zog, ist sehr unbedeutend gewesen, es scheint in der That, als ob lediglich die Masse der bekannten Thatsachen um einige neue Erfahrungen vermehrt worden wäre; der Theorie ist nichts hinzugewachsen.

Der Begriff v. Neutralität ist ungewiss. Welches Salz der Phosphorsäure ist das neutrale? wir wissen es nicht. Wir wissen in diesem Augenblicke nur, dass es eine Säure ist, von welcher 1 Atom 1, 2 und 3 Atome fixer Basis aufnimmt, ohne dass man eine der neuen Verbindungen ein basisches Salz nennen kann, indem dieser Begriff für die Verbindungen eines neutralen Salzes mit 1 Atom und mehr Basis festgesetzt worden ist.

Wenn wir saures Salz die Verbindung eines neutralen Salzes mit einem oder mehreren Atomen der nämlichen Säure nennen, so existirt ebensowenig ein saures phosphorsaures Salz.

Saure Salze sind Doppelsalze. [144] Es giebt unzweifelhaft aber Säuren, welche saure Salze bilden, in denen auf 1 Atom Basis zwei Atome entweder wasserfreie Säure, wie beim sauren chromsauren Kali vorhanden sind, oder welche als

Doppelsalze betrachtet werden können von neutralem Salz mit dem Hydrat der Säure.

Es ist klar, dass die Constitution beider Klassen von Verbindungen wesentlich verschieden ist; durch ihr Verhalten gegen andere Körper muss sich diese Verschiedenheit nachweisen lassen.

In dem sogenannten sauren phosphorsauren Natron ist nur ein Atom Phosphorsäure, in dem sauren schwefelsauren Kali sind 2 Atome Schwefelsäure vorhanden.

In dem sauren phosphorsauren Natron sind drei Atome Basis enthalten, zwei von diesen 3 Atomen Basis sind Wasser, welches die sauren Eigenschaften der Säure nicht aufhebt, daher die Aehnlichkeit in der Reaction mit den gewöhnlichen sauren Salzen.

Bringen wir nun zu dem sauren schwefelsauren Kali eine andere Base, welche mit dem Kali nicht isomorph ist, und die mit der Schwefelsäure ein Salz ohne Halhydratwasser*) bildet, mit Natron z. B., so theilt sich das saure Salz in zwei neutrale, in Glaubersalz und schwefelsaures Kali, welche von einander getrennt krystallisiren.

Wird zu dem sauren phosphorsauren Natron hingegen eine gewisse Menge Kali gebracht, so entsteht phosphorsaures Natron-Kali, vollkommen analog in seiner Zusammensetzung dem sauren Salz, es enthält drei Atome Basis, zwei davon sind Natron und Kali, ein Atom von den zwei vorher darin enthaltenen Atomen Wasser ist ersetzt durch Kali, das zweite Atom bleibt in der Zusammensetzung des neuen Salzes; es ist keine Verbindung von zwei neutralen Salzen, es ist kein Doppelsalz, wenn es auch auf ähnlichem Wege wie andere Doppelsalze hervorgebracht werden könnte.

Dieses Verhalten trennt die Phosphorsäure und Arsensäure von der grösseren Zahl aller anderen Säuren: in ihrer Eigenschaft sich mit mehreren Atomen Basis zu verbinden, liegt an und für sich die Fähigkeit, Salze derselben Klasse mit verschiedenen Basen zu bilden, verschieden von denen, die man Doppelsalze nennt. *Ich betrachte diesen Charakter als entscheidend für die Constitution dieser und aller Säuren, welche ähnliche Verbindungen wie die Phosphorsäure bilden.*

---

*) Ich habe Halhydratwasser[25] zum Unterschied von Krystallisationswasser dasjenige Wasser in Salzen genannt, welches nach *Graham* durch Aequivalente von andern neutralen Salzen abgeschieden und vertreten werden kann.

In den vorstehenden Analysen habe ich den Beweis niedergelegt, dass es viele organische Säuren giebt, die in ihren Verbindungsverhältnissen mit Basen durchaus ähnlich sind der Phosphorsäure und Arsensäure, hierher gehören namentlich die Cyanursäure, Meconsäure, Gerbsäure und Citronsäure.

Constitution d. Cyanursäure u. deren Salze. Die Formel der getrockneten Cyanursäure ist $Cy_6 O_3 + 3$ aq.

Nach dieser Formel enthält diese Säure drei Atome Wasser, welche durch Basen vertreten werden können.

In dem sogenannten sauren cyanursauren Kali ist 1 Atom Wasser durch 1 Atom Kali, in dem sog. neutralen sind 2 Atome Wasser durch 2 Atome Kali ersetzt.

$$Cy_6 O_3 + \left.\begin{array}{l} 2\ H_2 O \\ KO \end{array}\right\} \text{sog. saures cyanursaures Kali.}$$

$$Cy_6 O_3 + \left.\begin{array}{l} H_2 O \\ 2\ KO \end{array}\right\} \text{sog. neutral. cyanursaures Kali.}$$

Das dritte Atom Wasser kann durch Alkalien nicht vertreten werden.

Wie die Phosphorsäure, bildet diese Säure mit Silberoxyd ein Salz mit 3 Atomen Silberoxyd, dieses Salz enthält keinen Wasserstoff

$$Cy_6 O_3 + 3\ AgO.$$

146] Vergleichen wir dieses Salz mit dem knallsauren und cyansauren Silberoxyd, so finden wir absolut dieselbe procentische Zusammensetzung, aber der Unterschied in ihren Eigenschaften kann kaum grösser gedacht werden. Die Knallsäure kann für sich nicht dargestellt werden, mit allen Säuren, mit denen man sie aus ihren Verbindungen abscheidet, zerlegt sie sich zu neuen Producten, eine ihrer charakteristischsten Eigenschaften ist ihre Fähigkeit, Doppelsalze mit den verschiedensten Basen zu bilden. Saures knallsaures Silberoxyd kann mit Ammoniak, mit Natron, Kali, Baryt; knallsaures Kupferoxyd mit den nämlichen Basen Doppelsalze bilden.

Knallsäure. Hieraus geht hervor, dass ein Atom Knallsäure 4 Atome Cyan, und 2 Atome Sauerstoff enthält, dass sie im freien Zustande 2 Atome Wasser enthalten muss, die durch 2 Atome der nämlichen Basis oder durch 2 Atome verschiedener Basen vertreten werden können[26]). Die Constitution ihrer Verbindungen ist folgende:

$Cy_4 O_2 +$ 2 aq. freie Knallsäure.
$Cy_4 O_2 +$ 2 AgO knallsaures Silberoxyd.
$Cy_4 O_2 + \begin{matrix} AgO \\ KO \end{matrix}\Big\}$ Doppelsalz von Silberoxyd und Kali.
$Cy_4 O_2 + \begin{matrix} CuO \\ KO \end{matrix}\Big\}$ Doppelsalz von Kupferoxyd und Kali.

Cyansäure. Die Cyansäure bildet keine Doppelsalze, alle ihre Verbindungen enthalten auf ein Aequivalent Cyansäure ein Aequivalent Metalloxyd.

$Cy_2 O +$ aq. Cyansäurehydrat.
$Cy_2 O + MO$. Formel für alle cyansauren Salze.

Obwohl die Cyanursäure in allen ihren Verbindungen die vollkommenste Aehnlichkeit mit den Phosphorsäuren besitzt, so hört diese Aehnlichkeit völlig auf, wenn man die Pyrophosphorsäure mit der Knallsäure und die Metaphosphorsäure mit der Cyansäure vergleicht; sie besteht nur insofern, als diese drei Cyansäuren einerlei Quantitäten Base mit den drei [147] Phosphorsäuren neutralisiren, allein in Beziehung auf das Säureradikal ist das Verhältniss umgekehrt.

Mit jedem Atom Cyansäure, welches als eingehend in das Radikal der Knallsäure und Cyanursäure betrachtet werden kann, wächst die Sättigungscapacität in gleichem Grade. Vermischt man neutrales cyansaures Kali mit halb so viel Essigsäure, als zur vollkommenen Zersetzung erforderlich ist, so schlägt sich cyanursaures Kali nieder. Aus einer Säure also, die sich nur mit 1 Atom Basis verbinden kann, entsteht durch Hinzutreten der Elemente der nämlichen Säure eine neue, welche mehrere Atome Basis aufnimmt. Bei der Phosphorsäure ändert sich durch Hinzutreten von Phosphor und Sauerstoff die Sättigungscapacität nicht; auf die nämliche Quantität Basis enthält das pyrophosphorsaure Natron doppelt, das metaphosphorsaure dreimal so viel Phosphor und Sauerstoff, als wie das phosphorsaure. Die Phosphorsäure als flüchtig gedacht würde die Metaphosphorsäure, welche nur 1 Atom Basis neutralisirt, in einem ihrer Salze beim Glühen unter Verlust von Phosphor und Sauerstoff sich in Phosphorsäure verwandeln, von welcher 1 Atom drei Atome Basis aufnimmt.

Cyanursaures Kali hingegen verwandelt sich beim Glühen unter Verlust der Bestandtheile der Cyanursäure in cyansaures Kali; mit Kalihydrat geglüht, erhält man aus 1 Atom cyanursaurem Kali, drei At. cyansaures Kali. Hier geht also eine Spaltung eines zusammengesetzten Atomes in drei einfachere Atome vor sich.

So gross aber auch der Unterschied zwischen den verschiedenen Phosphorsäuren und cyansauren Salzen im Allgemeinen sein mag, so bleibt nichtsdestoweniger bei beiden Klassen eine dreifache verschiedene Constitution als die Ursache ihrer Eigenthümlichkeit unverwerflich.

Meconsäure. Die Meconsäure enthält bei $100^°$ getrocknet drei Atome Wasser, welche durch Basen vertreten [148] werden können. Die Constitution derselben, sowie die ihrer Salze, ist folgende:

$C_{14}H_2O_{11} + 3$ aq. getrocknete Säure.

$C_{14}H_2O_{11} + 3$ AgO Silbersalz.

$C_{14}H_2O_{11} + \begin{Bmatrix} H_2O \\ 2AgO \end{Bmatrix}$ Silbersalz.

$C_{14}H_2O_{11} + \begin{Bmatrix} 2H_2O \\ KO \end{Bmatrix}$ sog. saures meconsaures Kali.

$C_{14}H_2O_{11} + \begin{Bmatrix} H_2O \\ 2KO \end{Bmatrix}$ sog. neutrales meconsaures Kali.

$C_{14}H_2O_{11} + \begin{Bmatrix} H_2O \\ 2PbO \end{Bmatrix}$ Bleisalz (*Robiquet*).

Durch die Wärme und durch den Einfluss starker Salzsäure erleidet die Meconsäure eine Veränderung; wie bei der Destillation der Cyanursäure treten die Bestandtheile zu neuen Verbindungen zusammen, bei der Cyanursäure haben die neuen Producte einerlei procentische Zusammensetzung, bei denen der Meconsäure ist sie verschieden. Von 1 At. Meconsäure trennen sich 2 At. Kohlensäure, die neue Säure, welche entstanden ist, neutralisirt aber nicht mehr 3 At. Base, sondern nur zwei At. Ich finde die Veränderung, die sie hierbei erlitten hat, sehr merkwürdig.

Komensäure. Die Meconsäure enthält 6 At., durch Metalle ersetzbaren Wasserstoff, 2 andere At. gehören zu der Constitution der wasserfreien Säure, sie können nicht abgeschieden werden. Bei der Verwandlung der Mecon- in Komensäure ist ein At. Wasser ausserhalb des Radikals eingegangen in die Constitution der Säure, dieses Wasser hat eine neue Form angenommen, es kann durch Basen nicht mehr vertreten werden. Mit dem Wechsel des Platzes, den dieses At. Wasser früher einnahm, hat die Meconsäure $\frac{1}{3}$ ihrer Sättigungscapacität verloren, anstatt 3 At. nimmt sie jetzt nur 2 At. Basis auf. **149** Salze mit 3 At. Basis können mit der Komensäure nicht hervorgebracht werden. Es ist klar, dass die verminderte Sättigungscapacität der Meconsäure als ausschliesslich abhängig betrachtet werden muss von der neuen Form, die das eine Atom von dem früher abscheidbaren Wasser angenommen hat, denn diese Aenderung würde als die nämliche gedacht werden können, auch wenn keine Kohlensäure weggegangen wäre. Bei dem Uebergang der Phosphorsäure in Pyrophosphorsäure wird $\frac{1}{3}$ Wasser abgeschieden und die Elemente der Säure, mit denen es früher verbunden war, gehen ihrer Feuerbeständigkeit wegen nicht weg, sondern treten in die Verbindung des neuen Salzes, bei der Meconsäure geht 1 Atom Wasser in die Constitution der Säure über, und von ihren Elementen scheiden sich gewisse Quantitäten ab.

Die Constitution der Komensäure und ihrer Salze ist folgende:

$C_{12}H_4O_5 + 2$ aq. krystallisirte Säure.

$C_{12}H_4O_5 + \begin{Bmatrix} \text{aq.} \\ \text{KO} \end{Bmatrix}$ sog. saures Kalisalz.

$C_{12}H_4O_5 + 2KO$ sog. neutrales Kalisalz.

$C_{12}H_4O_5 + \begin{Bmatrix} \text{aq.} \\ \text{AgO} \end{Bmatrix}$ erstes Silbersalz.

$C_{12}H_4O_5 + 2AgO$ zweites Silbersalz.

Ich habe sehr bedauert, dass mein Vorrath an Meconsäure mir nicht erlaubte, die dritte Modification der Meconsäure, nämlich die Pyromeconsäure, darzustellen und ihre Salze zu untersuchen.

Bei den Analysen der Mecon- und Komensäure, die von Hrn. *Robiquet* angestellt sind, wurde das Entfernen der während der Mischung eingezogenen hygrometrischen Feuchtigkeit versäumt, woher es kam, dass der Kohlenstoffgehalt vollkommen richtig, der Wasserstoffgehalt aber zu hoch ausfiel. **[150]** Bei der Analyse der Pyromeconsäure fiel die Mischung der Substanz, da sie als flüchtig erkannt war, hinweg, und man hat allen Grund, die ausgemittelte Zusammensetzung für richtig anzusehen.

Pyromeconsäure. Die empirische Formel der krystallisirten Pyromeconsäure ist nach *Robiquet* $C_{10}H_4O_6$, sie entsteht aus der Komensäure und Meconsäure auf eine dem Anschein nach befriedigende Weise durch Subtraction von Kohlensäure.

Ueber die Constitution der organischen Säuren.

Komensäure $C_{12}H_6O_{10} - 2CO_2 = C_{10}H_6O_6$
Meconsäure $C_{14}H_4O_{14} - 4CO_2 = C_{10}H_4O_6$

Durch die Vereinigung der krystallisirten Säure mit Bleioxyd wird 1 Atom Wasser eliminirt. Die Zusammensetzung der Säure in dem Bleisalz würde demnach sein:

$$C_{10}H_6O_5$$

und ihre Sättigungscapacität $\frac{1}{3}$ von der der Mecon- und $\frac{1}{2}$ von der der Komensäure.

Die Pyromeconsäure enthält in dem Bleisalz dreimal so viel Wasserstoff als die Meconsäure, und doppelt so viel als die Komensäure, aus denen sie entstanden ist; dieser Wasserstoff hat aufgehört abscheid- und ersetzbar durch Metalle zu sein: wenn er früher in der Form von Wasser in der Meconsäure vorhanden war, so ist es als gewiss anzunehmen, dass er in dem neuen Zustande eine innigere Verbindung mit den Bestandtheilen der Meconsäure nach der Abscheidung der Kohlensäure eingegangen ist.

Die Komensäure ist $C_{12}H_4O_8 + 2H_2O$
es trennen sich $\quad\quad\quad C_2 \quad O_4$
es bleiben $\quad\quad\quad\overline{C_{10}H_4O_4 + 2H_2O}$

Von den zwei At. Wasser, welche nicht zu der Constitution der an Basen gebundenen Säure gehören, tritt 1 At. zu den Elementen derselben, so dass also die Pyromeconsäure zu $C_{10}H_6O_5 + $ aq. wird. Auch in diesem Fall ist die verminderte Sättigungscapacität [151] nicht dem Verlust an Kohlensäure zuzuschreiben, sondern der Aenderung des Zustandes, die das Wasser bei der Zersetzung der Komensäure erlitten hat.

Wir haben demnach auch in den verschiedenen Meconsäuren gerade wie bei den Cyansäuren eine unleugbare Aehnlichkeit mit den verschiedenen Phosphorsäuren, sie ist vollkommen für die gewöhnliche Phosphorsäure, Cyanursäure und Meconsäure: wie bei diesen tritt in der Komensäure eine der Pyrophosphorsäure, und in der Pyromeconsäure eine der Metaphosphorsäure correspondirende Verbindung auf. Die Elemente der Phosphorsäure sind keines Wechsels fähig, die Verbindung selbst ist feuerbeständig. Die Verwandlung derselben in die beiden Modificationen geht vor sich, ohne dass man etwas anderes als eine Abscheidung von Wasser bemerkt. Die Elemente der Meconsäure sind wandelbar nach den Temperaturen. Einem bestimmten Wärmegrad ausgesetzt, trennen sich von den Bestandtheilen der wasserfreien Säure gewisse Mengen von Kohlenstoff und Sauerstoff, das Wasser, was bei der Phosphorsäure abgeschieden wird, entweicht hier nicht, ein Theil davon geht eine innigere Verbindung mit den Bestandtheilen der Säure ein.

Citronsäure. Die Zusammensetzung der Citronsäure, so wie sie in dem Silbersalz enthalten ist, ist analog der Meconsäure, so wie diese enthält sie 11 Atome Sauerstoff und neutralisirt drei Atome Basis. Manche ihrer Salze geben einen Theil des gebundenen Wassers ohne Zerstörung der Säure durch Wärme nicht ab, andere verlieren es in gewissen Temperaturen, das citronsaure Silber ist stets wasserfrei. Die Constitution der Citronsäure und ihrer von *Berzelius* untersuchten Salze ist folgende:

a) Citronsäure bei $16°$ krystallisirt $C_{12}H_{10}O_{11} + 3H_2O$ *)$+2$ aq.
b) Citronsäure bei $100°$ krystallisirt $C_{12}H_{10}O_{11} + 3H_2O +$ aq.
c) die Säure a) bei $100°$ getrocknet $C_{12}H_{10}O_{11} + 3H_2O$.

[152] Salze.

neutrales Bleisalz $C_{12}H_{10}O_{11} + 3PbO +$ aq. (anal. d. Säure b.)
sesquibas. » $C_{12}H_{10}O_{11} + \genfrac{}{}{0pt}{}{2PbO}{H_2O}\Big\} + 2$ aq. (analog d. S. a.)
basisches » $C_{12}H_{10}O_{11} + 3PbO + PbO$ (analog d. S. b.)
neutrales Barytsalz $C_{12}H_{10}O_{11} + 3BaO + 7$ aq.
dasselbe bei $100°$ $C_{12}H_{10}O_{11} + 3BaO +$ aq. (analog d. S. b.)
» » $190°$ $C_{12}H_{10}O_{11} + 3BaO$ (analog der Säure c.)
saures Barytsalz $2(C_{12}H_{10}O_{11}) + \genfrac{}{}{0pt}{}{5BaO}{H_2O}\Big\} + 7$ aq. **)
neutrales Kalksalz $C_{12}H_{10}O_{11} + 3CaO + 4$ aq.
dasselbe bei $100°$ $C_{12}H_{10}O_{11} + 3CaO +$ aq. (analog d. S. b.)
basisches Kalksalz $C_{12}H_{10}O_{11} + 3CaO + \genfrac{}{}{0pt}{}{CaO}{H_2O}\Big\}$ (analog d. S. a.)
dasselbe bei $100°$ $C_{12}H_{10}O_{11} + 3CaO + CaO$ (analog d. S. b.)
Natronsalz bei $16°$ $C_{12}H_{10}O_{11} + 3NaO + 4$ aq.
» bei $200°$ $C_{12}H_{10}O_{11} + 3NaO$
Silbersalz bei $16°$ $C_{12}H_{10}O_{11} + 3AgO$

---

*) H_2O bedeutet hier basisches und aq. Krystallwasser.
**) *Berzelius* erhielt von 100 Theilen dieses Barytsalzes 48,27 Baryt, nach der angegebenen Formel sollten es 48,60 sein, ferner durch Verbrennung mit Kupferoxyd von 1000 Th. 208 Th. Wasser, nach der Rechnung sollten es 205 Theile sein.

Die Citronsäure, der trocknen Destillation unterworfen, zerlegt sich in Wasser, in Kohlensäure und in Pyrocitronsäure [27]. Wie ich gefunden habe, bildet die letztere mit allen Basen, das Silberoxyd ausgenommen, zwei Reihen von Salzen; eine Reihe, worin 2 At. fixer Basis, und eine andere Reihe, worin 1 At. fixer Basis und 1 At. Wasser enthalten sind, ihre wahre Formel ist deshalb doppelt so gross, als wie die bisher angenommene [28]:

$$C_{10}H_5O_6 + 2\,aq.\text{ krystallisirte Säure.}$$

Pyrocitronsäure. [153] Sie entsteht aus der Citronsäure

$$C_{12}H_{10}O_{11} + 3\,aq.$$

indem sich 1 At. Wasser und 2 At. Kohlensäure aus der wasserfreien Säure, und 1 At. Wasser, was in der krystallisirten Säure die Stelle einer Basis vertritt, ausscheidet. Eine der dritten Modification der Meconsäure correspondirende Citronsäure habe ich durch Destillation nicht erhalten können, obwohl ihre Existenz wahrscheinlich ist; es ist möglich, dass sie weniger flüchtig ist, als die Pyrocitronsäure, und dass die letzten Producte der Destillation der Citronsäure von ihrer Zersetzung herkommen.

Wenn man die Zusammensetzung der Komensäure mit der Zusammensetzung der beiden Citronsäuren vergleicht, so beobachtet man eine ausserordentliche Aehnlichkeit, welche freilich nur in den Formeln liegt.

Addirt man zu den Bestandtheilen der Komensäure [29] die Elemente von 3 At. Wasser, so hat man die Formel der wasserfreien Citronsäure

$$\left.\begin{array}{l}C_{12}H_4O_8\\H_6O_3\end{array}\right\} = C_{12}H_{10}O_{11}.$$

Wasserfreie Pyromeconsäure und Pyrocitronsäure sind von einander lediglich durch die Elemente von 1 At. Wasser verschieden, was die letztere mehr enthält.

Pyromeconsäure $C_{10}H_6O_5$ — $C_{10}H_5O_6$ Pyrocitronsäure.

Die krystallisirte Pyrocitronsäure enthält die Bestandtheile

von 2 At.	Essigsäure	C_8	$H_{12}O_6$
und 2 »	Kohlenoxyd	C_2	O_2
		$C_{10}H_{12}O_8$	oder

von 2 At.	Essiggeist	C_6	$H_{12}O_2$
2 »	Kohlensäure	C_2	O_4
und 2 »	Kohlenoxyd	C_2	O_2
		$C_{10}H_{12}O_8.$	

[154] Diese Formeln erklären das Auftreten der Kohlensäure, der Essigsäure und des Essiggeistes; ich habe schon bemerkt, dass man bei rascher Destillation kein Kohlenoxydgas erhält, eben so wenig habe ich die geringsten Spuren von Essigsäure nachzuweisen vermocht, offenbar ist das Auftreten dieser Producte die Folge einer secundären Zersetzung.

Weinsäure. Aus dem ganzen Verhalten der Weinsäure geht hervor, dass das bis jetzt angenommene Atomgewicht [30]) verdoppelt werden muss, um die Formel zu erhalten, die ihre wahre Constitution ausdrückt.

Alle bis jetzt gemachten Beobachtungen beweisen, dass das Silberoxyd aus allen Säuren denjenigen Wasserstoff, welcher darin in der Form von Wasser enthalten ist, vollkommen abscheidet und ersetzt durch ein Aequivalent von Silber. Diese Erfahrung erleidet keine Ausnahme.

Man hat demnach allen Grund, die Säure in dem Silbersalz als wasserfrei zu betrachten. Auf 1 At. Silberoxyd sind darin $C_4 H_4 O_5$ enthalten, auf 2 At. Silberoxyd würde ihre Formel sein:

$$C_8 H_8 O_{10}$$

Wenn man die Thatsache, dass viele organische Säuren sich mit mehr als einem At. Basis zu neutralen Salzen verbinden können, als begründet ansieht, so müssen wir, weniger aus der Analyse eines Salzes, als aus dem Verhalten der Säure im Allgemeinen, die Formel, welche ihre Zusammensetzung ausdrückt, zu erforschen suchen.

Es giebt nun keine Säure, deren Verhalten auf eine auffallendere Weise von den meisten andern abweicht, als wie das der Weinsäure.

Das sogenannte saure weinsaure Kali mit irgend einer löslichen Basis gesättigt, trennt sich nicht wie die Verbindungen neutraler Salze mit dem Hydrate der nämlichen Säure, in zwei neutrale Salze, sondern die zugesetzte andere Basis nimmt [155] ganz einfach die Stelle des zweiten Atoms Kali ein, mit dem sich das sog. neutrale weinsaure Kali gebildet haben würde.

Die Constitution der krystallisirten Säure sowie die ihrer Salze ist folgende:

$C_8 H_8 O_{10} + 2$ aq. krystallisirte Säure.

$C_8 H_8 O_{10} + \left. \begin{array}{c} KO \\ aq. \end{array} \right\}$ saures weinsaures Kali.

$C_8 H_8 O_{10} + 2 KO$ neutrales weinsaures Kali

$C_8H_8O_{10} + \begin{matrix} KO \\ NaO \end{matrix} \Big\}$ Seignette-Salz.

$C_8H_8O_{10} + \begin{matrix} KO \\ N_2H_8O \end{matrix} \Big\}$ Ammoniakweinstein.

$C_8H_8O_{10} + 2AgO$ Silbersalz.

Die Weinsäure erleidet beim Schmelzen in einer Temperatur, wobei sie noch keine Zersetzung erleidet, unter Verlust von Wasser eine Veränderung, wodurch ihre Sättigungscapacität vermindert wird.

Diese Veränderung ist absolut von derselben Art, wie die, welche die Phosphorsäure unter denselben Umständen erleidet, es entstehen zwei neue Säuren von folgender Zusammensetzung [31]:

Die eine enthält auf 1 At. Basis oder auf 1 Atom Wasser eine Säure, welche nach der Formel $C_6H_6O_{7\frac{1}{2}}$, die andere auf dieselbe Quantität Basis oder Wasser eine Säure, welche nach der Formel $C_8H_8O_{10}$ zusammengesetzt ist.

Drücken wir nun die Constitution der beiden Säuren auf eine richtigere Weise aus, indem wir die Mengen von Basen oder Wasser in ihren Verbindungen gleich annehmen, so haben wir

$C_8H_8O_{10} + 2$ aq. Weinsäure
$C_{12}H_{12}O_{15} + 2$ aq. acide tartrilique
$C_{16}H_{16}O_{20} + 2$ aq.   »   tartrelique.

Ich will die Formeln dieser Säure neben die der Phosphorsäure [156] setzen, die vollkommene Aehnlichkeit beider wird damit in die Augen fallend. Bezeichnen wir $C_8H_8O_{10}$ mit $2T$, so ist

Weinsäure $2T + 2$ aq. $2P + 3$ aq. Phosphorsäure [32])
acide tartriliq. $3T + 2$ aq. $3P + 3$ aq. Pyrophosphorsäure
»   tartreliq. $4T + 2$ aq. $6P + 3$ aq. Metaphosphorsäure.

Man sieht hier deutlich, dass die Verwandlung der Weinsäure in die anderen Säuren darauf beruht, dass in die Constitution derselben die Hälfte der Elemente der wasserfreien Weinsäure in der einen, und in die zweite die doppelte Menge dieser Elemente eingegangen ist, ohne dass sich damit ihre Sättigungscapacität erhöht hat.

Beim Erhitzen der Weinsäure über ihren Schmelzpunkt bildet sie zuerst Tartrilsäure, sie geht sodann in Tartrelsäure über, bei einer höheren Temperatur zerlegt sich die letztere in Kohlensäure, Wasser und zwei neue Säuren, wovon die eine krystallinisch, die andere ölartig und unkrystallisirbar ist. Diese neuen

Säuren theilen sich in die beiden Atome Hydratwasser, ohne von dem neugebildeten Wasser etwas in chemischer Verbindung aufzunehmen.

Tartrelsäure
$C_{16}H_{16}O_{20} + 2\,aq. =$
$\begin{cases} C_5H_6O_3 + aq. & \text{krystallin. Brenz-} \\ & \text{weinsäure.} \\ & (\textit{Pelouze}\,[33]). \\ C_6H_6O_5 + aq. & \text{ölartige Brenzwein-} \\ & \text{säure.} \\ & (\textit{Berzelius.}) \\ C_5 \quad O_{10} & \text{Kohlensäure.} \\ H_4 \quad O_2 & \text{Wasser.} \end{cases}$

$C_{16}H_{16}O_{20} + 2\,aq.$

Beim Erhitzen der Tartrelsäure verwandelt sie sich zum Theil in die sogenannte wasserfreie Weinsäure, deren weiter erfolgender Zersetzung das Auftreten brenzlicher Producte, welches bei dieser Operation auf keine Weise vermieden werden kann, zugeschrieben werden muss.

[157] Der Brechweinstein tritt aus der Reihe der weinsauren Salze gänzlich heraus, bei 250° kann er keine Weinsäure mehr enthalten. Die Zusammensetzung, die er bei dieser Temperatur besitzt[34], zeigt, dass sich zwei Atome Wasser von der als wasserfrei angenommenen Weinsäure getrennt haben. Diese Ausscheidung findet statt in Folge ihrer Vereinigung mit einem Oxyde, von welchem 1 Atom 2 At. Sauerstoff mehr enthält, als wie das Silberoxyd. Verlöre das Silbersalz oder ein anderes weinsaures Salz bei irgend einer Temperatur 2 At. Wasser, so wären wir nicht zweifelhaft über den Ursprung dieses Wassers; die beiden Atome Wasser in der krystallisirten Säure sind durch Silberoxyd vertreten, eine neue Wasserausscheidung kann nur stattfinden, wenn entweder das Silberoxyd Sauerstoff an den Wasserstoff der wasserfreien Säure, die damit verbunden ist, abtritt, oder wenn sich aus der Säure selbst und einer Portion ihres Wasserstoffs und Sauerstoffs Wasser bildet.

Bei keinem anderen weinsauren Salze, ausser dem Brechweinstein, bemerkt man aber, ohne die Säure zu zerstören, eine Abscheidung von Wasser in einer höheren Temperatur. Es ist mithin klar, dass die zwei Atome Sauerstoff, den dieses Salz mehr enthält, als wie alle übrigen weinsauren Salze, an der Abscheidung von diesen 2 At. Wasser Antheil haben, dass seine Bildung wesentlich daran geknüpft ist. Bei der Krystallisation aus Wasser nimmt der bei 250° getrocknete Brechweinstein sein verlorenes Wasser wieder auf, die daraus dargestellte Weinsäure bietet nicht die geringste Verschiedenheit von der gewöhnlichen dar, welche einer solchen Veränderung nicht unterworfen worden war.

Man kann es demnach als eine ausgemachte Thatsache betrachten, dass der Sauerstoff gewisser Oxyde, wenn sie mit wasserstoffhaltigen Säuren verbunden werden, bei einer gewissen Temperatur sich mit Wasserstoff aus der Säure verbindet [158 und Wasser bildet. Ein Theil des Oxyds muss in Metall übergegangen sein.

Wollte man annehmen, die Weinsäure, so wie sie in dem Silbersalz enthalten ist, enthalte noch 2 At. fertig gebildetes Wasser, so wäre ihre Zusammensetzung folgende:

$$C_8 H_4 O_8.$$

Man weiss nun, dass ein Salz der Weinsäure mit einem Ueberschuss von Kalilauge auf eine Temperatur von 200° bis 220° erwärmt, sich ohne Gasentwickelung zerlegt in essigsaures und kleesaures Kali. Auf 1 At. Essigsäure erzeugen sich hierbei 2 At. Kleesäure.

Nach der Formel der Säure in dem Silbersalz erklärt sich diese Umsetzung leicht, denn sie enthält die Elemente von Essigsäurehydrat und wasserfreier Oxalsäure.

$$\begin{array}{ll} C_4 H_4 O_4 & \text{Essigsäurehydrat.} \\ C_4 O_6 & \text{2 At. wasserfreie Kleesäure.} \\ \hline C_8 H_4 O_{10} & \text{1 At. Weinsäure.} \end{array}$$

Setzt man 2 At. fertig gebildetes Wasser in dieser Säure voraus, so führt dies zu der Annahme, dass die als wasserfrei betrachtete Essigsäure entweder 1 At. fertig gebildetes Wasser enthält, oder dass sie durch Hinzutreten von Wasser entsteht, welches Wasser in einen Zustand übergeht, wo es aufhört abscheidbar durch Basen zu sein.

$$\begin{array}{ll} C_4 H_4 O_2 + H_2 O & \text{wasserfreie Essigsäure} \\ C_4 O_6 & \text{2 At. Kleesäure} \\ \hline C_8 H_4 O_8 & \text{Weinsäure in dem getrockneten Brechweinstein.} \end{array}$$

Wenn also die Weinsäure in dem Silbersalz noch 2 Atome Wasser enthält, so ist in der wasserfreien Essigsäure ebenfalls 1 At. Wasser enthalten.

Citronsäure verhält sich mit einem Ueberschuss von Kali erwärmt genau wie Weinsäure, aus einem Atom wasserfreier

[159] Säure entsteht durch Hinzutreten der Elemente von 1 At. Wasser, 2 At. Essigsäure und 2 At. Oxalsäure.

$$\left.\begin{array}{l}C_{12}H_{10}O_{11}\\H_2O\end{array}\right\} = \begin{array}{l}2\,C_4H_6O_3\\2\,C_2O_3\end{array}.$$

Wenn man nun voraussetzt, dass die wasserfreie Essigsäure 1 At. Wasser enthält, so müsste hier durch die Einwirkung des Kalis auf die Bestandtheile der Citronsäure 1 At. Wasser gebildet werden, oder sie müsste 1 At. fertig gebildetes, nicht durch Basen abscheidbares Wasser enthalten.

Ich will die Folgerungen, zu denen die Annahme von fertig gebildetem Wasser in der als wasserfrei geltenden Weinsäure nicht weiter vervielfältigen, aus dem, was ich erwähnt habe, sieht man, dass sie zu unwahrscheinlichen Voraussetzungen führen würden. Es bleibt mithin nichts anderes übrig, als die Ausscheidung von Wasser aus dem getrockneten Brechweinstein einer partiellen Reduction des Antimonoxyds zuzuschreiben, und das wirkliche Vorhandensein einer Basis in dem Zustande von Metall in der Verbindung einer sauerstoffhaltigen Säure lässt sich, wenn auch nur für gewisse Verbindungen, nicht als Hypothese betrachten [35]).

Die Traubensäure verhält sich in ihrer Verbindung mit Kali und Antimonoxyd genau wie die Weinsäure, sie bleibt also nach wie vor in der Klasse der isomeren, d. h. derjenigen procentisch gleich zusammengesetzten Körper, über deren Constitution wir nichts wissen. Vermuthungen über eine wirkliche Verschiedenheit zwischen Weinsäure und Traubensäure, hergeleitet von der ungleichen Innigkeit, mit welcher das Wasser in der krystallisirten Traubensäure gebunden ist, grenzen zu nahe an das Reich der Hypothesen, als dass ich es wagen konnte, sie hier zu entwickeln. Es fehlt uns eine consequente Untersuchung aller traubensauren Salze, ich bin nicht im entferntesten ungewiss, dass sich eine wohlbegründete Ansicht über eine wirkliche Verschiedenheit [160] in der Constitution beider Säuren daraus herleiten lassen wird.

Schleimsäure. Aus der Fähigkeit der Schleimsäure saure Salze zu bilden, so wie aus der Zusammensetzung der Pyroschleimsäure muss gefolgert werden, dass ihr Atomgewicht doppelt so gross als wie das bisher angenommene ist [36]). Ihre Constitution, sowie die ihrer Salze, ist folgende:

$C_{12}H_{16}O_{14} + 2\,aq.$

$C_{12}H_{16}O_{14} + \left.\begin{array}{l}KO\\aq.\end{array}\right\}$ saures Kalisalz.

$C_{12}H_{16}O_{14} + 2\,KO$ Kalisalz.

$C_{12}H_{16}O_{14} + 2\,AgO$ Silbersalz.

Es ist möglich, dass die Veränderung, welche die Schleimsäure beim Kochen und Abdampfen mit Weingeist erleidet, ähnlicher Art ist wie die, welche die Meconsäure beim Uebergang in Komensäure erfährt, dass nämlich ein Atom Wasser ausserhalb des Radikals der Säure in die Constitution der wasserfreien Säure eingeht, welches Wasser nicht mehr von Basen vertreten werden kann.

Malaguti erhielt von 1,210 Silbersalz der modificirten Säure 0,590 Silber; hieraus ergiebt sich für das Atomgewicht derselben auf 1 At. Silberoxyd berechnet die Zahl 1320,..

Auf dieselbe Menge Silberoxyd berechnet ist aber das Atomgewicht der Schleimsäure 1208,550, man sieht demnach, dass die modificirte Säure die Bestandtheile von 1 At. Wasser mehr enthält, was die Verschiedenheit ihrer Eigenschaften genügend erklärt [37]).

Pyroschleim- Bei der Destillation der Schleimsäure liefert sie
säure. Pyroschleimsäure, welche zusammengesetzt ist nach der Formel:

$$C_{10}H_6 + aq.\,^{38})$$

In der Pyroschleimsäure hat die Schleimsäure die Hälfte ihrer Sättigungscapacität verloren, sie ist aus letzterer entstanden, [161] indem sich von den Elementen der wasserfreien Schleimsäure 2 At. Kohlensäure und 5 At. Wasser, ferner 1 At. Wasser, was in der krystallisirten Säure die Stelle einer Basis vertrat, getrennt haben.

Schleimsäure
$C_{12}H_{16}O_{14} + 2\,aq. =$ $\begin{cases} 1\text{ At. Pyroschleims. } C_{10}H_6\ O_5 + aq.\\ 5\text{ At. gebild. Wasser } H_{10}O_5\\ 2\text{ At. Kohlensäure } C_2\quad O_4\\ 1\text{ At. basis. Wasser} \quad\quad + aq.\\ \overline{C_{12}H_{16}O_{14} + 2\,aq.} \end{cases}$

Auch bei dieser Zersetzung ist die Rolle, die das basische Wasser in Beziehung auf das Sättigungsvermögen der Säure spielt, in die Augen fallend. Die fünf Atome Wasser, sowie die zwei Atome Kohlensäure, die sich aus den Elementen der wasserfreien Säure gebildet haben, sind darauf ohne den geringsten Einfluss gewesen, aber die Abscheidung von 1 At. Wasser ausserhalb des Radikals verminderte die Sättigungscapacität um die Hälfte.

Pyromeconsäure identisch mit Pyroschleims. Die Pyroschleimsäure besitzt absolut dieselbe Zusammensetzung wie die Pyromeconsäure.
$$C_{10}H_6O_5 + aq.\ \text{Pyromeconsäure.}$$
$$C_{10}H_6O_5 + aq.\ \text{Pyroschleimsäure.}$$

Man kann sich, nach der Beschreibung der Eigenschaften, welche diese beiden Säuren besitzen, der Vermuthung nicht enthalten, dass sie in allen Stücken identisch mit einander sein dürften [39].

Asparaginsäure. Nach der Formel, welche ich für die Constitution der Asparaginsäure angenommen habe, enthält diese Säure 1 Aequivalent = 2 At. Stickstoff; sie sättigt in ihren neutralen Verbindungen 2 At. Basis, entweder 2 At. fixer Basis, oder 1 At. fixer Basis und 1 At. Wasser.

Auf 1 At. Basis enthält also diese Säure nur $\frac{1}{2}$ Aeq. Stickstoff, und dieses Verhältniss scheint mir entscheidend für die Richtigkeit meiner Formel zu sein [40].

[162] Die Elemente dieser Säure, auf 1 At. Basis bezogen, führen zu einer Formel, welche in sich selbst unwahrscheinlich ist, nach den Principien der atomistischen Theorie kann sie nicht zugelassen werden.

Gerbsäure.[41] Die rationelle Formel der Gerbsäure ist
$$C_{18}H_{10}O_9 + 3\ aq.$$

Das von *Berzelius* analysirte Bleisalz ist $C_{18}H_{10}O_9 + \begin{matrix} 2\ aq. \\ PbO \end{matrix}\Big\}$.

Das neue Bleisalz hingegen $C_{18}H_{10}O_9 + 3PbO$.

Nach dieser Zusammensetzung enthält diese Säure die Elemente von 2 At. Gallussäure und 1 At. Essigsäure = $C_{14}H_4O_6$ + $C_4H_6O_3$ und ihre Zersetzung bei lang anhaltender Berührung mit Wasser, ohne Zutritt der Luft, scheint einer sehr einfachen Erklärung fähig zu sein. Ich glaube zwar nicht, dass fertig gebildete Essigsäure in der Gerbsäure vorhanden ist, allein ich halte es nicht für unmöglich, dass sie Gallussäure enthält. Was diese Meinung unterstützt, ist der Umstand, dass man in wenigen Augenblicken Gerbsäure in Gallussäure verwandeln kann, wenn man sie mit überschüssigem Kali oder Natron kocht. Trägt man reine Gerbsäure in eine kochende schwache Kalilauge mit der Vorsicht, dass etwas Kali im Ueberschuss bleibt, und lässt

Ueber die Constitution der organischen Säuren. 45

sie damit etwa 20 Secunden sieden, so ist die Verwandlung schon vor sich gegangen. Wird die Flüssigkeit jetzt mit verdünnter Schwefelsäure im Ueberschuss versetzt und aufgekocht, so gesteht sie nach dem Erkalten zu einem Brei, welcher aus Krystallen von Gallussäure und schwefelsaurem Kali besteht. Wird diese Masse zwischen Papier gepresst und nach dem Trocknen mit Weingeist behandelt, so löst dieser eine sehr reichliche Menge Gallussäure auf, die man beim Abdampfen krystallisirt erhält. Aus der Flüssigkeit, die man von dem ersterhaltenen Brei absondert, habe ich durch Destillation keine Essigsäure erhalten. Eine Abkochung von [163] Galläpfeln lieferte, mit Kali und Schwefelsäure auf die nämliche Weise behandelt, eine ebenso reichliche Menge von Gallussäure. Bei Anstellung dieses Versuchs erhält man je nach der Dauer des Kochens sehr wechselnde Quantitäten Gallussäure, bei längerem Kochen mit dem überschüssigen Kali schien sich die Gallussäure in Kohlensäure und Pyrogallussäure zu zerlegen, wenigstens war das Aufbrausen und die Entwickelung von Kohlensäure bei der Sättigung mit Schwefelsäure bei weitem grösser, als sie hätte sein können, wenn sie lediglich von dem Kali aus der Luft aufgenommen worden wäre. Ich habe zuletzt aus der alkalischen Lösung Krystalle erhalten, die alle Eigenschaften der Pyrogallussäure besassen.

Noch schneller lässt sich diese Verwandlung durch Schwefelsäure allein, also ohne Anwendung von Kali, bewerkstelligen. Schlägt man nämlich eine reine Gerbsäurelösung oder auch eine Abkochung von Galläpfeln mit verdünnter Schwefelsäure nieder, wäscht den Brei etwas mit verdünnter Schwefelsäure aus und trägt ihn nun, im feuchten Zustande, in kochende verdünnte Schwefelsäure, so löst er sich in grosser Menge und vollständig auf, und nach dem Erkalten erhält man eine reichliche Menge harter gelbgefärbter Krystalle von Gallussäure, die bei nochmaligem Lösen in heissem Wasser durch etwas Thierkohle vollkommen entfärbt und in der gewöhnlichen Form nach dem Abkühlen erhalten werden, auch hier entwickelt sich bei der Umwandlung keine Essigsäure.

Gallussäure. Die Formel der bei 100° getrockneten Gallussäure ist $C_7 H_6 O_5$, ihre rationelle muss durch $C_7 H_2 O_3 + 2\,aq.$ ausgedrückt werden. Im krystallisirten Zustande enthält sie 3 At. Wasser, von denen 1 At. durch Wärme entfernt, die beiden anderen aber nur durch Basen abgeschieden werden [164] können. Das saure Ammoniaksalz, dessen Analyse in dem Vorhergehenden aufgeführt wurde, war durch *Robiquet* dargestellt, es ist mir unbekannt, auf welche Weise es erhalten wurde. Seiner Formel nach enthält es auf 2 At. wasserfreier Gallussäure $C_{14} H_4 O_6$ nur 3 At. Basis anstatt 4, nämlich 1 Aequivalent Ammoniumoxyd $N_2 H_4 O$ und 2 At. Wasser, der Analyse lässt sich wenigstens kein anderer Ausdruck unterlegen. Das weisse gallussaure Bleioxyd ist bei 150°

$$C_7 H_2 O_3 + \left.\begin{array}{l} H_2 O \\ Pb O \end{array}\right\},$$

bei gewöhnlicher Temperatur dargestellt enthält es 1 At. Wasser, von dem es die Hälfte bei 100° und die andere bei höherer Temperatur abgiebt. Das bei 100° getrocknete Salz war der Analyse nach aus 2 Atomen des obigen gallussauren Bleioxyds

$$2\, C_7 H_2 O_3 + \left.\begin{array}{l} H_2 O \\ Pb O \end{array}\right\} + 1\, aq.$$

zusammengesetzt.

Auch bei dem gallussauren Bleioxyd wird man bemerken, dass die Elemente der Säure, auf 1 At. Bleioxyd berechnet, zu einer nach der atomistischen Theorie durchaus unmöglichen Constitution führen, indem auf 1 At. Basis $3\frac{1}{2}$ Aeq. Kohlenstoff und $\frac{1}{2}$ Aeq. Wasserstoff kommen. Die Existenz dieses Salzes kann ebenfalls als ein entscheidender Beweis für das Vorhandensein von Säuren, die zu ihrer Neutralisation 2 At. Basis bedürfen, dienen.

Ellagallussäure. Die Verschiedenheit der Constitution der Ellagallussäure von der Gallussäure scheint sich leicht erklären zu lassen, aber mit Gewissheit lässt sich vor der Analyse einiger ihrer Salze nicht entscheiden, ob die folgende Formel [12] für die erstere richtig ist:

Gallussäure.   Ellagallussäure.
$C_7 H_2 O_3 + 2\, aq.$ $C_7 H_4 O_4 + aq.$

Bei der Bildung der Ellagallussäure würden, wie bei [165] der Komensäure und den beiden Schleimsäuren, die Bestandtheile eines Atoms Wasser ausserhalb des Radikals eingehen in die Zusammensetzung des Radikals. Die Möglichkeit der Verwandlung der einen Säure in die andere halte ich nicht allein für wahrscheinlich, sondern für vollkommen gewiss; zwischen beiden finden ganz ähnliche Beziehungen statt, wie zwischen den verschiedenen Phosphorsäuren. *Morson* in London zeigte mir ausgezeichnet reine Gallussäure, die aus reinem Gerbestoff durch Aussetzung an die Luft gebildet worden war, und nach einer Beobachtung Prof. *Erdmann's* erhielt er auf demselben Wege keine Spur Gallussäure, sondern nur Ellagallussäure. Eine neue Untersuchung aller dieser Verhältnisse, namentlich auch der Bildungsweise der Gallussäure ohne Zutritt der Luft, über welche wir *Robiquet* sehr schöne Beobachtungen verdanken, dürfte zu sehr interessanten Entdeckungen führen.

Pyrogallus-säure. Die Existenz der Ellagallussäure macht mich sehr ungewiss hinsichtlich der Constitution der Pyrogallussäure. Im sublimirten und in dem Zustande, wie sie in dem Bleisalze vorhanden ist, drückt die Formel $C_6 H_6 O_3$ ihre Zusammensetzung aus [13]; wenn Kohlensäure und Pyrogallussäure die einzigen Producte der Zersetzung der Gallussäure bei 215^0 sind, so würden sich von $C_7 H_2 O_3 + 2$ aq.
trennen 1 At. Kohlensäure $C\ \ O_2$
es würden übrigbleiben $\overline{C_6 H_2 O\ \ + 2\text{ aq.}}$

Die Formel $C_6 H_6 O_3$ setzt voraus, dass die beiden Atome Wasser in der getrockneten Gallussäure in das Radikal der Pyrogallussäure eingegangen sind, man sieht darnach nicht ein, auf was ihre Eigenschaft beruht, sich mit Basen zu Salzen zu verbinden, wenn diese Fähigkeit nämlich abhängig gemacht wird von der eigenthümlichen Form, in welcher die Säuren eine gewisse Quantität Wasser gebunden enthalten. [166] Es ist möglich, dass das Bleisalz noch eine Quantität Wasser enthält, was es bei höherer Temperatur vielleicht verliert. In diesem Fall würde die Constitution der Säure durch $C_6 H_4 O_2 +$ aq. auszudrücken sein. Nach späteren Beobachtungen *Pelouze's* glückt es nur selten, die Gallussäure gerade auf durch die Hitze in Kohlensäure und Pyrogallussäure zu zersetzen, in den meisten Fällen bleibt ein nicht unbeträchtlicher Rückstand von Metagallussäure [44]. Wenn aus 4 At. Gallussäure $C_{28} H_8 O_{12} + 8$ aq. sich 2 At. Pyrogallussäure und 1 At. Metagallussäure und 4 At. Kohlensäure bildeten, so würden 5 At. Wasser ausserhalb des Radikals der Gallussäure in die neuen Radikale der Pyro- und Metagallussäure eingehen, es würde auf der einen Seite das Hydrat der Metagallussäure und auf der andern Seite Pyrogallussäurehydrat entstehen, welches letztere 2 At. Wasser abgiebt, indem es zu wasserfreier Säure wird.

$$\begin{array}{l}\phantom{5\text{ aq.}=}C_2H_8O_{12}+3\text{aq.}\\5\text{ aq.}=H_{10}O_5\\\overline{C_2H_{18}O_{17}+3\text{aq.}}\end{array}\left|\begin{array}{l}2\text{ At. Pyrogalluss. }C_{12}H_{12}O_6+2\text{aq.}\\=1\text{ » Metagalluss. }C_{12}H_6\;O_3+\text{aq.}\\4\text{ » Kohlensäure }C_4O_8\\\hlineC_2H_{18}O_{17}+3\text{aq.}\end{array}\right.$$

Wenn diese Vermuthungen sich bestätigen, so ist es nicht unwahrscheinlich, dass diese beiden Säuren in der nämlichen Beziehung zu einander stehen, wie Gallus- und Ellagallussäure; in diesem Fall müsste das Atom der Pyrogallussäure doppelt so gross angenommen werden, als wie es gegenwärtig geschieht, sie würde 2 At. Basis, die Metagallussäure 1 At. neutralisiren.

Aepfelsäure. Ich habe einige Versuche über die Aepfelsäure und die Körper, welche durch Einwirkung der Wärme daraus entspringen, angestellt, in der Absicht, um zu einer bestimmten Ansicht über ihre Constitution zu gelangen; ich bin aber nicht weit genug vorgeschritten, um begründete Vermuthungen darüber auszusprechen. Es scheint mir übrigens sehr [167] wahrscheinlich zu sein, dass das Atomgewicht der krystallisirten Aepfelsäure am richtigsten durch die Formel $C_8H_8O_8+2$ aq. ausgedrückt wird; ihre ausgezeichnete Neigung, saure Salze und Doppelsalze der verschiedensten Basen zu bilden, stellt sie neben die Weinsäure.

Die Veränderungen, welche sie durch die Einwirkung der Wärme erfährt, sind so gründlich und genau von *Pelouze* untersucht worden, dass kaum eine neue Beobachtung hinzugefügt werden kann [45]).

Lässt man krystallisirte Aepfelsäure längere Zeit an einem warmen Orte stehen, dessen Temperatur etwas höher als ihr Schmelzpunkt ist, so verwandelt sie sich nach und nach vollständig in Fumarsäure, ohne dass etwas anderes weggeht als Wasser, bei 120 bis 130° geht diese Umwandlung in einigen Stunden vor sich, sie verliert ihre Durchsichtigkeit, wird trübe und man hat zuletzt einen Brei von krystallinischen Blättchen von Fumarsäure, aus welchem man die Aepfelsäure, welche unverändert geblieben ist, mit kaltem Wasser leicht auszichen kann. Dampft man diese Flüssigkeit wieder zum Syrup ab und setzt sie, wie vorher, einer erhöhten Temperatur aus, so gelingt es zuletzt, alle Aepfelsäure vollständig in Fumarsäure überzuführen.

Bringt man auf der anderen Seite krystallisirte Aepfelsäure in eine kleine Glasretorte, so dass diese etwa zur Hälfte damit angefüllt ist, und destillirt sie nun bei der stärksten Hitze, die man mittelst einer starken Spiritusflamme hervorbringen kann, so geht mit dem Wasser Equisetsäure über, um so mehr, je schneller die Destillation betrieben wurde. In einem gewissen Zeitpunkt wird auf einmal die Masse in der Retorte fest und krystallinisch, und wenn man jetzt das Feuer entfernt, so bleibt darin ein dicker beinahe trockner Brei von farbloser Fumarsäure. Die Bildung der Equisetsäure lässt sich [168] vollkommen umgehen, die der Fumarsäure habe ich niemals vermeiden können. Ich weiss nicht, ob man dies als einen hinreichend triftigen Grund für die Voraussetzung betrachten darf, dass die Fumarsäure ein Product der Zersetzung der Equisetsäure ist.

Wenn man aber beide Säuren als vollkommen gleich zusammengesetzt annimmt, so hat man auch nicht den entferntesten Anhaltpunkt, um die Verschiedenheit ihrer Eigenschaften zu erklären, eine Verschiedenheit, die ohne den geringsten Zweifel in ihrer Constitution gesucht werden muss.

Die Equisetsäure bildet mit Kali, mit Ammoniak und mit vielen anderen Basen wohl krystallisirbare saure Salze; ich habe versucht, ein Doppelsalz mit Natron und Kali darzustellen, allein das saure Kalisalz, mit Natron neutralisirt, giebt eine Flüssigkeit, die selbst bei Syrupconsistenz keine Krystalle absetzt, und bei weiterem Abdampfen zu einer weissen Masse gerinnt, in der sich nicht unterscheiden lässt, ob sich zweierlei Salze oder nur ein Salz mit zwei Basen gebildet hat. Das saure Ammoniaksalz, mit Kali oder Natron neutralisirt, verhält sich ganz ähnlich.

Mit der Fumarsäure liess sich nur ein saures Salz und zwar mit Kali hervorbringen, auch bei diesem liess sich über seine Constitution, des nämlichen Verhaltens wegen, nichts Gewisses entscheiden.

Es ist möglich, dass die Equisetsäure $C_8 H_4 O_6$ + 2 aq. und die Fumarsäure $C_4 H_2 O_3$ + aq. ist, dass also die Verwandlung der einen in die andere auf eine ähnliche Art vor sich geht, wie die der Cyanursäure in Cyansäure, wo sich bekanntlich das Atom der einen in drei einfachere Atome der anderen spaltet.

Wir kennen also im Allgemeinen drei verschiedene Klassen von organischen Säuren, die erste Klasse neutralisirt 1 At. [169] Basis wie die Essigsäure, Ameisensäure etc., die zweite Klasse verbindet sich mit 2 At., die dritte mit 3 At. Basis [16]. Die erste Klasse, deren Zusammensetzung die einfachste ist, geben nur selten Pyrogensäuren, die anderen erleiden in der Wärme gewisse Veränderungen, welche ähnlich sind den Veränderungen, welche die Phosphorsäure unter denselben Umständen erfährt.

Bei der Ausmittelung des Atomgewichtes einer organischen Säure ist es, wie sich aus dem Vorhergehenden ergiebt, unerlässlich, dass man zweierlei Salze mit einer und derselben fixen Basis darzustellen suchen muss.

Man könnte die Säuren eintheilen in **einbasische, zweibasische** und **dreibasische**. Unter einer zweibasischen Säure würde man eine solche verstehen, deren Atom sich mit zwei Atomen Basis vereinigt, in der Art, dass diese beiden At. Basis zwei At. Wasser in der Säure ersetzen. Der Begriff eines basischen **Salzes** bleibt damit unverändert für die Verbindung eines neutralen Salzes mit einer neuen Quantität Basis. Wenn sich demnach mit 1 Atom einer Säure 2 und mehr Atome Basis vereinigen und es wird hierbei nur 1 At. Wasser abgeschieden, mithin weniger als die Anzahl der Aequivalente der fixen Basis betragen, so ist ein eigentlich basisches Salz entstanden. Das dreifach basische essigsaure Bleioxyd enthält, wie das entsprechende phosphorsaure, drei Atome Bleioxyd, allein die Essigsäure ist darin in dem nämlichen Zustande zugegen, wie in dem trocknen Salz mit 1 At. Bleioxyd. Ein phosphorsaures, cyanursaures etc. Salz mit 1 At. fixer Basis enthält aber in Verbindung mit derselben einen ganz anderen Körper, als wie ein Salz der nämlichen Säuren mit 2 und 3 At. fixer Basis; in dem einen ist auf 1 At. Basis der Körper $P_2O_7H_4$, in den beiden anderen $P_2O_6H_2$ oder P_2O_5 enthalten.

Die Beziehungen der dreibasischen Säuren unter einander[47]) sind also folgende:

[170]   Phosphorsäure . . . . . P_2O_5 + 3 aq.
Pyrophosphorsäure . . . P_2O_5 + 2 aq.
Metaphosphorsäure . . . P_2O_5 + aq.

Cyanursäure . . . . . . Cy_6O_3 + 3 aq.
Knallsäure . . . . . . Cy_4O_2 + 2 aq.
Cyansäure . . . . . . Cy_2O + aq.

Meconsäure . . . . . $C_{14}H_2O_{11}$ + 3 aq.
Komensäure . . . . . $C_{12}H_4O_8$ + 2 aq.
Pyromeconsäure . . . $C_{10}H_6O_5$ + aq.

Citronsäure . . . . . $C_{12}H_{10}O_{11}$ + 3 aq.
erste Pyrocitronsäure . $C_{10}H_8O_6$ + 2 aq.
zweite Pyrocitronsäure?? $C_5H_4O_6$ + aq.

Hypothese[48].

Ich habe in dem Vorhergehenden nach unserer gegenwärtigen Ansicht die Veränderungen betrachtet, welche die organischen Säuren in Berührung mit Basen erfahren, und die Beziehungen beleuchtet, die zwischen den verschiedenen Producten stattfinden, welche durch die Einwirkung einer höheren Temperatur daraus gebildet werden.

Ich weiss kaum, ob diese Entwickelungen zusammengenommen eine Theorie genannt werden können, denn sie scheinen mir, etwas genauer betrachtet, kaum etwas mehr als ein dürftiger Ausdruck für dasjenige zu sein, nicht was der Geist sieht, sondern was unsere Augen sehen.

Wir beobachten, dass beim Zusammenbringen von Cyanursäure, Mecousäure etc. mit Basen für jedes Atom Sauerstoff in der Basis, die sich mit der Säure vereinigt, 1 At. Wasser abgeschieden wird. Wir setzten voraus, dass dieses Wasser, fertig gebildet, als solches in der Säure vorhanden war, allein, wenn man nach den Gründen fragt, welche eine solche Voraussetzung rechtfertigen müssen, so findet man keine.

Wir sehen, dass die Sättigungscapacität einer grossen Anzahl Säuren abnimmt mit der Abscheidung, mit der Deplacirung dieses sogenannten basischen Wassers, und können nicht begreifen, woher es kommt, dass dieses Wasser nicht wieder aufgenommen wird, dass die Säure ihre ursprüngliche Sättigungscapacität nicht wieder annimmt, wenn wir die modificirte Säure mit Wasser wieder zusammenbringen. Wir begnügten uns bis jetzt zu sagen, die Säure sei modificirt worden, ohne uns weiter darum zu bekümmern, auf welcher Ursache diese Aenderung beruhe. Manche Säuren, wie die Weinsäure, Kampfersäure etc. besitzen im wasserfreien Zustande die Fähigkeit nicht, sich mit Basen zu verbinden, sie erhalten aber diese Fähigkeit, wenn sie wieder eine gewisse Quantität Wasser aufgenommen haben.

Diese Fragen erstrecken sich nicht auf eine einzelne Gruppe von chemischen Verbindungen, sie umfassen alle Säuren im Allgemeinen. Das Kali und Natron gehören ihrer Stellung in der elektrischen Reihe nach zu den stärksten Basen, das Silberoxyd sollte aus denselben Gründen eine der schwächsten sein. Nach seinen chemischen Eigenschaften ist es die stärkste aller Basen, es deplacirt aus vielen Säuren das basische Wasser, was durch Kali und Natron nicht ersetzt werden kann, wie in der Cyanur-

und Meconsäure, was nur mit Schwierigkeit ersetzt wird, in den phosphorsauren und arsensauren Salzen.

Es ist gewiss eine auffallende Erscheinung, dass überall wo, gleichgültig in welcher Form, Phosphorsäure mit Silberoxyd zusammengebracht werden, sich stets das Salz mit drei Atomen Basis bildet, dass keine dem gewöhnlichen sog. neutralen und [172] sauren phosphorsauren Natron entsprechende Silberverbindung existirt.

Wir haben ferner in dem bei 250° getrockneten Brechweinstein eine Verbindung, worin durch zwei Atome Sauerstoff, den dieses Salz mehr enthält, als die anderen weinsauren Salze, vier Atome Wasserstoff in der Form von Wasser eliminirt werden, die sich als Wasser in der Säure nicht befanden; dass in diesem Salz ein Theil der Base im metallischen Zustande angenommen werden muss, dass die Säure in diesem Salze, beim Zusammenbringen mit Wasser, die Bestandtheile von Wasser wieder aufnimmt in der Art, dass sie aufhören, Wasser zu sein.

Unsere gewöhnlichen Ansichten reichen nicht aus, um diese Erscheinungen zu erklären, man gesteht sich nothgedrungen, dass das Verhalten auf bis jetzt nicht beachteten Ursachen beruht; welches aber diese Ursachen sind, darüber sind wir in der schwankendsten Ungewissheit.

Neben der Ansicht über die Constitution der Salze, welche in diesem Augenblicke die herrschende ist, besteht noch eine andere, welche *Davy* für die Chlor- und Jodsäure aufgestellt, und welche *Dulong* auf die Verbindungen der Oxalsäure anzuwenden versucht hat. Ich wage kaum zu gestehen, dass ich seit Jahren schon mir Mühe gegeben habe, Beweise zur Begründung dieser Hypothese aufzufinden, indem in ihr selbst, so verkehrt und widersinnig sie auch erscheinen mag, eine tiefe Bedeutung liegt, insofern sie alle chemischen Verbindungen überhaupt in eine harmonische Beziehung mit einander bringt, insofern sie die Schranke niederreisst, welche von uns zwischen den Verbindungen der Sauerstoff- und Haloidsalze gezogen worden ist.

Bei unserer gemeinschaftlichen Arbeit über das Radikal der Benzoesäure war *Wöhler* mit mir versucht, diese Ansichten [173] auf die Benzoesäure und ihre mannigfaltigen Verbindungen anzuwenden, *Pelouze* hat mit mir gemeinschaftlich bei unsern Versuchen über die Honigsteinsäure diese Ansicht als vorzugsweise zulässig ausgesprochen. Allein es war noch nicht an der Zeit, derselben eine bestimmtere Bedeutung zu geben.

Wenn ich nun erwähne, dass alle Versuche, die ich in dem

Vorhergehenden beschrieben habe, welche zu einer Erklärung aller Anomalien in den citronensauren Salzen, und wie ich glaube zu einer richtigen Kenntniss der Constitution einer Reihe von Säuren geführt haben, aus dem Verfolg dieser Ansicht entsprungen sind, so wird man es verzeihlich finden, wenn ich in dem Folgenden versuche, die Folgerungen der Chemiker darzulegen, die sich an diese anscheinend so widersinnige Ansicht anknüpfen lassen.

Ich habe zuvörderst einige Worte über die Constitution der Salze nach unserer gewöhnlichen Ansicht zu sagen.

Das Hydrat der Schwefelsäure ist eine Verbindung von Schwefelsäure mit Wasser, welches durch Aequivalente von Metalloxyden vertreten werden kann. Wird es durch Kali ersetzt, so haben wir schwefelsaures Kali, dessen Formel durch $SO_3 + KO$ ausgedrückt wird.

Wenn wir die Ansicht von *Davy* auf die Schwefelsäure ausdehnen, so ist das Schwefelsäurehydrat eine Wasserstoffsäure. Es ist eine Verbindung analog der Schwefelwasserstoffsäure, worin das Radikal, statt Schwefel zu sein, eine Verbindung von Schwefel mit Sauerstoff ist

$$S + H_2$$
$$SO_4 + H_2.$$

In dieser Säure wird der Wasserstoff vertreten durch Metalle, das schwefelsaure Kali ist

$$SO_4 + K.$$

[174] Gleich beim ersten Anblick besitzt diese Formel etwas Unnatürliches. Das Kalium zeichnet sich durch eine so eminente Neigung aus, sich mit Sauerstoff zu verbinden, man kann es nicht über sich gewinnen, es in dieser Form sich in dem schwefelsauren Kali zu denken. Hieran ist weiter nichts als die Gewohnheit schuld, die uns unbewusst verführt, die Eigenschaften eines Körpers zu übertragen in die Verbindung, die er eingegangen ist.

Wenn sich der Beweis führen liesse, dass in dem schwefelsauren Kali Schwefelsäure und Kali wirklich vorhanden wären, so wäre die Aufstellung einer andern Formel ein müssiges Spiel, was nicht die geringste Beachtung verdiente. Allein wir kennen den Zustand nicht, in dem sich die Elemente zweier zusammengesetzten Körper befinden, sobald sie eine Verbindung mit einander eingegangen sind, wir wissen nicht, wie sie gegenseitig geordnet sind. Die Stellung, in welcher wir sie uns geordnet denken, ist eine blosse Uebereinkunft, bei der herrschenden Ansicht ist sie geheiligt durch die Gewohnheit.

Ich will die gerechten Zweifel, die man hegen kann, zugeben für diese Klasse von Salzen, man wird mir auf der anderen Seite gestatten, die Zusammensetzung der Haloide als ausgemacht anzusehen. Zwischen Chlor und Kalium ist nur einerlei Art von Verbindung möglich, das Chlor ist ein einfacher Körper. Cyan ist ein Salzbilder ähnlich dem Chlor, auch die Constitution des Cyankaliums macht uns keine Zweifel. Wie aber das Schwefelcyankalium zusammengesetzt ist, darüber hat man zweierlei Ansichten.

Nach der einen Ansicht ist die Schwefelblausäure eine Verbindung von Schwefelwasserstoffsäure $S + H_2$ mit Schwefelcyan $Cy_2 S$, nach der anderen enthält sie ein eigenthümliches Radikal $Cy_2 S_2$, verbunden mit einem Aequivalent Wasserstoff.

[175] Die erstere Ansicht entspricht genau derjenigen, die wir über die Constitution der wasserhaltigen Schwefelsäure in diesem Augenblick haben, die andere entspricht der Ansicht von *Davy*.

Betrachtet man die Schwefelblausäure als eine Verbindung von Schwefelwasserstoff mit Schwefelcyan, so ist das Schwefelcyankalium eine Doppelverbindung von Schwefelkalium mit Schwefelcyan

$$Cy_2 S + SK.$$

Wir sind übereingekommen, diese Art der Verbindung für nicht wahrscheinlich zu halten, weil in diesem Fall die der Kaliumverbindung entsprechende Silberverbindung und Bleiverbindung nicht durch Schwefelwasserstoffsäure zerlegt werden könnte, wie es in der That geschieht, eben weil das Silber und Blei als Schwefelsilber und Schwefelblei schon darin vorhanden ist.

Wir nehmen also an, dass in dem Schwefelcyankalium das Metall nicht in der Form von Schwefelmetall vorhanden ist,

$$Cy_2 S_2 + K,$$

und wir finden uns nun genau zu dem Schlusse geführt, der uns beim schwefelsauren Kali so unwahrscheinlich vorkam. Wir nehmen nämlich an, dass das Kalium, dessen Verwandtschaft zum Schwefel kaum geringer ist, als die zum Sauerstoff, dass dieses Metall in einer Schwefelverbindung existiren kann, ohne zu Schwefelkalium zu werden.

Der Wasserstoff ist also, wir sind darüber einig, in der Schwefelblausäure nicht als Schwefelwasserstoff, das Kalium in dem Schwefelcyankalium nicht als Schwefelkalium enthalten. Wir können aber den Schwefel in dieser Verbindung ersetzen durch Sauerstoff, wir können den Sauerstoff wieder ersetzen durch Schwefel. Die erhaltene neue Wasserstoffverbindung [176] ist das Hydrat der Cyansäure, die Kaliumverbindung ist cyansaures Kali

$$Cy_2 S_2 + H_2 \qquad Cy_2 S_2 + K$$
$$Cy_2 O_2 + H_2 \qquad Cy_2 O_2 + K.$$

Was uns bei der Schwefelverbindung nicht unwahrscheinlich vorkam, halten wir für widernatürlich, auf die correspondirenden Sauerstoffverbindungen überzutragen. Man sieht leicht, und weiter nichts soll dieses Beispiel belegen, dass die Gewöhnung keineswegs zur Richtschnur und Leiterin einer Theorie gewählt werden kann.

In einer gemeinschaftlichen Arbeit über die Zersetzung der Harnsäure durch Salpetersäure haben wir, *Wöhler* und ich, unter anderen Producten eine neue Säure entdeckt, welche nach der Formel $C_6 N_4 H_4 O_5$ zusammengesetzt ist [19]). Diese Formel giebt nicht den geringsten Anhaltspunkt zu einer Ansicht über ihre Constitution ab, aber die Bildung und Entstehung dieser Säure lässt sich erklären durch zwei Voraussetzungen. Man kann sie entstanden betrachten aus einer Verbindung von Kleesäure $2 C_2 O_3$ mit Harnstoff $C_2 N_4 H_8 O_2$ oder aus Kohlensäure, Allantoin und Wasser $2 CO_2 + C_4 H_6 O_3 N_4 + H_2 O$.

Beide Formeln erklären genügend ihre Bildungsweise aus Harnsäure, und die eine erklärt befriedigend eine Art von Zersetzung, wo sie in beide Producte zerfällt.

Mit Gewissheit kann man nun behaupten, dass in dieser Säure weder Harnstoff noch Kleesäure noch Kohlensäure enthalten sind. Die zwei Ansichten sind nur Hülfsmittel, deren sich der menschliche Geist bedient, um sich Rechenschaft von gewissen Erscheinungen zu geben, und sie miteinander in Beziehung zu bringen, und nur in dieser Weise muss man alle Ansichten über die Constitution chemischer Verbindungen betrachten.

Eine Theorie ist die Erläuterung positiver Thatsachen, [177 die uns nicht gestattet, aus dem Verhalten eines Körpers in verschiedenen Zersetzungsweisen mit apodiktischer Gewissheit Schlüsse rückwärts auf seine Constitution zu machen, eben weil die Producte sich ändern mit den Bedingungen zur Zersetzung.

Jede Ansicht über die Constitution eines Körpers ist wahr für gewisse Fälle, allein unbefriedigend und ungenügend für andere.

Unter diesem und unter keinem anderen Gesichtspunkte muss man die Theorie von *Davy* betrachten.

Wir sind übereingekommen, **chemische Eigenschaften** eines Körpers, die Erscheinungen, das Verhalten zu benennen, was er zeigt, wenn man ihn mit anderen Materien zusammenbringt; das Verhalten organischer Körper hat uns nun dahin geführt, dass wir mit positiver Gewissheit behaupten können, dass diese chemischen Eigenschaften wechseln, je nach den Materien, die auf den Körper einwirken. Diese Eigenschaften sind demnach nichts absolutes, sie gehören dem Körper nicht an. Jede Theorie ist mangelhaft und unzulässig, sobald sie auf die Zersetzungsweise gegründet ist. Wir haben ferner die Erfahrung gemacht, dass gewisse Klassen von Körpern bei ihrer gegenseitigen Berührung einerlei Erscheinungen zeigen, dass z. B. Metalloxyde und gewisse andere Körper mit anderen Zusammensetzungen Verbindungen bilden, nämlich Salze, die sich ausserordentlich ähnlich sind. Hieraus ergab sich eine Trennung der Verbindungen in Säuren und Basen. Das Resultat der Berührung einer Säure und Basis ist die Bildung eines Salzes; die allgemeinste Erscheinung, die man hierbei bemerkt, ist die Ausscheidung einer gewissen Menge Wassers. Der Erfolg der Verbindung von Kalk mit Schwefelsäure oder von Kalk mit Chlorwasserstoffsäure ist absolut der nämliche, in beiden Fällen entsteht ein Körper von ähnlichen Eigenschaften, in beiden wird eine und dieselbe Menge Wasser abgeschieden.

[178] Wir nehmen an, dass das Wasser in dem einen Fall erst gebildet, in dem anderen lediglich abgeschieden wird. In der Erklärung dieser Erscheinung folgen wir also zwei Ansichten, bei den Sauerstoffsäuren der Ansicht von *Lavoisier*, bei den Wasserstoffsäuren der Ansicht von *Davy*.

Betrachten wir nun die Eigenschaften und die Zusammensetzung der Salze aus einem höheren und allgemeineren Gesichtspunkt, nehmen wir an, die Elemente der Sauerstoffsäuren seien uns bis auf den Wasserstoff unbekannt, bezeichnen wir sie mit X, so ist:

X   + K   schwefelsaures, oxalsaures etc. Kali,
2X   + Pt   schwefelsaures Platinoxyd,
3X   + Al$_2$ schwefelsaure, salpetersaure Thonerde,

entsprechend den Verbindungen:

Cl$_2$ + K   Chlorkalium,
2 Cl$_2$ + Pt   Platinchlorid,
3 Cl$_2$ + Al$_2$ Chloraluminium.

Eine Wasserstoffsäure, mit einem Metalloxyd in Berührung, zerlegt sich mit ihm, aber nicht unter allen Umständen, in ein Haloidsalz und in Wasser, wir haben Ausnahmen gestattet bei der Thonerde, bei der Magnesia und anderen Metalloxyden; wir haben angenommen, dass Cyankalium sich mit Wasser zerlege, dass die Auflösung Blausäure und Kali enthalte [50]). Eine Verbindung einer Wasserstoffsäure mit einem Metalloxyd ist also möglich, ohne dass eine gegenseitige Zersetzung erfolgt. Wir wissen aber, dass, wenn zu blausaurem Kali ein anderes Cyanmetall gebracht wird, dass in diesem Fall das blausaure Kali reducirt wird zu Cyankalium, was als solches in die neue Verbindung eingeht.

Die Auflösung der Bittererde in Salzsäure verhält sich auf ähnliche Weise, aus Wasser krystallisirt ist die Verbindung:

$$Cl_2 H_2 + O Mg + 4 \, aq.$$

[179] Bringen wir dazu Salmiak oder ein anderes Haloidsalz, augenblicklich erfolgt, wie bei dem blausauren Kali, eine Reduction zu Chlormagnesium, es entsteht eine Doppelverbindung, die sich abdampfen und von allem Wasser befreien lässt, ohne die Veränderung zu zeigen, welche man an der salzsauren Magnesia beobachtet, es entsteht

$$Cl_2, Mg + Cl_2 N_2 H_8.$$

Vergleichen wir nun dieses Verhalten mit dem der sauerstoffsauren Salze, so finden wir eine ausserordentliche Aehnlichkeit; auch bei diesen hat man viele kennen gelernt, welche das Wasser in zweierlei Zuständen gebunden enthalten, als Krystallwasser, was bei 100° entfernt werden kann, und als Halbhydratwasser, was augenblicklich abgeschieden wird, wenn die Verbindung, die es enthält, mit gewissen anderen zusammenkommt.

Das Salz X H$_2$ + O Mg + 6 aq., krystallisirte schwefelsaure Magnesia, wird bei Berührung mit schwefelsaurem Kali, Ammoniak etc. augenblicklich zu X Mg + X, K etc.

Wir sagen, dass der Salmiak, zu salzsaurer Magnesia gebracht, eine Wasserbildung aus den Bestandtheilen der letzteren zur Folge hat; bei dem Bittersalz nehmen wir an, dass fertig gebildetes Wasser vorhanden war, dessen Platz von einem Salze eingenommen wurde.

Um eine und dieselbe Erscheinung zu erklären, bedienen wir uns also zweierlei Formen, wir sind gezwungen, dem Wasser die mannigfaltigsten Eigenschaften zuzuschreiben, wir haben basisches Wasser, Halhydratwasser, Krystallwasser, wir sehen es Verbindungen eingehen, wo es aufhört, eine von diesen drei Formen anzunehmen, und dies alles aus keinem andern Grunde, als weil wir eine Schranke zwischen Haloidsalzen und Sauerstoffsalzen gezogen haben, eine Schranke, die wir in den Verbindungen selbst nicht bemerken, sie haben in allen ihren Beziehungen einerlei Eigenschaften. Schwefelsaurer [180] Baryt verbindet sich mit Chlorbarium, mit salpetersaurem Baryt, wir sagen, dass sie aus Flüssigkeiten gefällt, einander niederreissen; salpetersaures Silberoxyd verbindet sich mit Cyansilber; Chlorkalium spielt gegen Chromsäure dieselbe Rolle wie chromsaures Kali. Haloidsalze und Sauerstoffsalze sind Verbindungen derselben Art, der nämlichen Klasse. Nach dem Gesichtspunkte der *Lavoisier*'schen Theorie enthalten die sauerstoffsauren Ammoniaksalze Ammoniumoxyd, ihre Constitution ist eben so einfach nach der Ansicht von *Davy*.

$Cl_2 H_2 + N_2 H_6 = Cl_2 + N_2 H_8$, ist Salmiak,
$X\ H_2 + N_2 H_6 = X\ + N_2 H_8$, ist jedes sauerstoffsaure Ammoniaksalz.

Soweit ich die Salze in dem Vorhergehenden mit einander verglichen habe, ist die Theorie von *Davy* weiter nichts, als eine von der gewöhnlichen verschiedene Vorstellung, die man nach Gutdünken annehmen und verwerfen kann, indem sie nur zu einer Verallgemeinerung mancher Erscheinungen, aber keineswegs zu Folgerungen führt, welche werthvoll für unsere Untersuchungen erscheinen, die uns zu einer tieferen Ergründung der Natur der Körper zu führen vermögen.

Allein seine Theorie führt weiter, wie ich jetzt entwickeln will. *Davy*'s Ansicht entsprang aus dem Verhalten des chlorsauren und jodsauren Kalis; aus der Zersetzung dieser Salze in einer höheren Temperatur in Sauerstoffgas und Chlorkalium ohne Aenderung der Neutralität glaubte er schliessen zu müssen, dass das Kalium nicht als Oxyd in diesen Salzen enthalten sei:

in Beziehung auf das jodsaure Kali weiss man insbesondere, dass das Kali durch Jod nicht zerlegt, dass der Sauerstoff von dem Jod nicht ausgetrieben wird. *Davy* schliesst folgendermaassen: Die Salzsäure ist eine Verbindung von Chlor und Wasserstoff

$$Cl_2 + H_2.$$

[181] In das Radikal der Salzsäure können ein und mehrere Atome Sauerstoff aufgenommen werden ohne Aenderung ihrer Sättigungscapacität, denn diese Fähigkeit ist nach ihm allein abhängig von dem Wasserstoff der Säure, welcher sich ausserhalb des Radikals befindet:

Salzsäure	$Cl_2 + H_2$
Unterchlorige Säure	$Cl_2 O_2 + H_2$
Chlorige Säure	$Cl_2 O_4 + H_2$
Chlorsäure	$Cl_2 O_6 + H_2$
Ueberchlorsäure	$Cl_2 O_8 + H_2$.

Säuren sind hiernach gewisse Wasserstoffverbindungen, in denen der Wasserstoff vertreten werden kann durch Metalle.

Neutrale Salze sind diejenigen Verbindungen derselben Klasse, worin der Wasserstoff vertreten ist durch das Aequivalent eines Metalls. Diejenigen Körper, die wir gegenwärtig wasserfreie Säuren nennen, erhalten ihre Eigenschaft, mit Metalloxyden Salze zu bilden, meistens erst beim Hinzubringen von Wasser, oder es sind Verbindungen, welche in höheren Temperaturen die Oxyde zerlegen.

Beim Zusammenbringen einer Säure mit einem Metalloxyd wird der Wasserstoff in den meisten Fällen abgeschieden in der Form von Wasser, für die Constitution der neuen Verbindung ist es völlig gleichgültig, auf welche Weise man sich das Auftreten dieses Wassers denkt, in vielen wird es durch die Reduction des Oxyds gebildet, in anderen mag es auf Kosten der Elemente der Säure entstehen, wir wissen es nicht.

Wir wissen nur, dass ohne Wasser bei gewöhnlicher Temperatur kein Salz gebildet werden kann, und dass die Constitution der Salze analog ist den Wasserstoffverbindungen, die wir Säuren nennen. Das Princip der Theorie von *Davy*, welches bei der Beurtheilung derselben vorzugsweise im Auge behalten werden muss, ist also, dass er die Sättigungscapacität [182] einer Säure abhängig macht von ihrem Wasserstoffgehalt oder von einer Portion ihres Wasserstoffs, so dass, wenn man die übrigen

Elemente der Säure zusammengenommen das Radikal derselben nennen will, die Zusammensetzung des Radikals nicht den entferntesten Einfluss auf diese Fähigkeit besitzt.

Nehmen wir Schwefelwasserstoff, lassen wir Sauerstoff, Schwefel und Sauerstoff in den mannigfaltigsten Verhältnissen in das Radikal eingehen, die Sättigungscapacität bleibt ungeändert

$S + H_2$ Schwefelwasserstoff.
$SO_3 + H_2$ schweflige Säure.
$SO_4 + H_2$ Schwefelsäure.
$S_2O_3 + H_2$ Unterschweflige Säure.
$S_2O_6 + H_2$ Unterschwefelsäure.
$SO_5N_2 + H_2$ Nitroschwefelsäure [51].
$S_2Cy_2 + H_2$ Schwefelcyanwasserstoffsäure.
$S_3C_2 + H_2$ Kohlenschwefelsäure [52].

Wir bedürfen in der organischen Chemie einer Erklärung der Entstehung einer Menge zusammengesetzter Säuren, deren Existenz feststeht, über deren Bildungsweise und Verhalten uns die herrschende Ansicht nicht den geringsten Aufschluss giebt.

Wir haben eine grosse Anzahl Säuren kennen gelernt, in deren Radikal wir die mannigfaltigsten Verbindungen eingehen sehen, ohne dass damit ihre Sättigungscapacität geändert wird. In die Zusammensetzung der Ameisensäure kann ein Atom eines sehr complicirten Körpers, das Bittermandelöl, eingehen, und ihre Sättigungscapacität bleibt die nämliche [53]; Beispiele dieser Art lassen sich in Menge finden, ich erwähne sie hier nicht.

Wir sehen Benzoesäure mit ihrem sogenannten Wassergehalt in das Radikal von zwei Atomen Schwefelsäure eingehen, und die Sättigungscapacität der letzteren bleibt unverändert. [183] Man kann hier nachweisen, warum die Sättigungscapacität nicht um diejenige sich vermehrt hat, welche die krystallisirte Benzoesäure an und für sich besass. Ein Atom dieser Säure sättigt nur zwei Atome Basis, zwei Atome Schwefelsäure und 1 Atom Benzoesäure sollten 3 Atome neutralisiren. Aber auf Kosten der Benzoesäure sind die beiden Atome Schwefelsäure reducirt worden zu Unterschwefelsäure, welche nur 1 Atom Basis aufnimmt; die Benzoesäure, welche hinzugetreten ist, hat ihre Sättigungscapacität behalten.

Die Brombenzoesäure *Peligot's* ist eine Wasserstoffsäure, ihr Verhalten schliesst über ihre Constitution jede andere Vorstellung aus. Die Zersetzung der Knallsäure, die Entstehung einer chlorhaltigen Säure, welche in dem nämlichen Radikal 10 Atome Chlor enthält[51], kann auf keine andere Art erklärt werden.

Die anorganische Chemie muss diese Ansicht über die Constitution der Säuren verwerfen, weil sie eine Menge nicht darstellbarer Radikale voraussetzt, weil das Experiment ihre Existenz im isolirten Zustande leugnet. Dieser Einwurf bedeutet wenig in der organischen Chemie, alle organischen Säuren sind bis auf zwei oder drei Ausnahmen eben so hypothetische Körper, sie sind eben so unbekannt, als wie die Radikale, zu denen *Davy*'s Ansicht führt; wasserfreie Oxalsäure, Essigsäure etc. sind nur Vorstellungen, die sogenannten wasserfreien organischen Säuren haben ihre Sättigungscapacität verloren.

Wenden wir die Ansicht *Davy*'s auf die Phosphorsäure an, so finden wir folgende Beziehungen:

Der Phosphor verbindet sich in mehreren Verhältnissen mit dem Wasserstoff, die bekannteste dieser Verbindungen ist zusammengesetzt nach der Formel

$$P_2 + H_6.$$

Wenn in das Radikal dieses Phosphorwasserstoffs 8 Atome [184] Sauerstoff aufgenommen werden, so entsteht die gewöhnliche Phosphorsäure

$$P_2 O_8 + H_6:$$

sie muss hiernach Salze bilden, worin der Wasserstoff ganz oder zum Theil vertreten ist durch Aequivalente von Metallen; mit Metalloxyden zusammengebracht, wird der Wasserstoff reducirt von dem Sauerstoff des Oxyds zu Wasser, diejenigen Oxyde, in denen der Sauerstoff am schwächsten gebunden ist, werden diese Reduction leichter bewirken als andere. Das Silberoxyd steht unter allen oben an.

Bei den Oxyden der Alkalien, welche den Sauerstoff mit grosser Kraft gebunden enthalten, geht diese Reduction schwieriger vor sich; in dem nämlichen Verhältniss, als der Wasserstoff der Säure abnimmt und ersetzt ist, wächst die Verwandtschaft des Radikals zu dem gebliebenen Wasserstoff, nur durch vermehrte Masse des Alkalis kann diese Reduction bewerkstelligt werden. Bei vielen Säuren, welche der Phosphorsäure ähnlich zusammengesetzt sind, kann sie ausschliesslich nur durch Silberoxyd geschehen. Die Salze der Phosphorsäure nehmen folgende Form an:

$P_2 O_5 + H_6$ Phosphorsäure.

$P_2 O_5 + \genfrac{}{}{0pt}{}{H_2}{2K} \Big\}$ sog. neutrales Salz.

$P_2 O_5 + \genfrac{}{}{0pt}{}{H_4}{K} \Big\}$ saures Salz.

$P_2 O_5 + 3K$ sog. basisches Salz.

$P_2 O_5 + 3Ag$ Silbersalz.

Nach der Zusammensetzung des phosphorigsauren Bleioxyds ist die phosphorige Säure

$$P_2 O_6 + 6H.$$

Von den 6 Atomen Wasserstoff, die sie enthält, können nur 4 Atome durch Metalle vertreten werden. Das Bleisalz ist

$$P_2 O_6 + \genfrac{}{}{0pt}{}{H_2}{Pb_2} \Big\}.$$

[185] Wenn die Phosphorsäure einer höheren Temperatur ausgesetzt wird, so tritt ein Theil des Wasserstoffs ausserhalb des Radikals an ein Aequivalent Sauerstoff des letzteren, es entsteht Wasser, was abgeschieden wird, und zwei neue Säuren, die Pyro- und Metaphosphorsäure:

$P_2 O_7 + H_4$ Pyrophosphorsäure,
$P_2 O_6 + H_2$ Metaphosphorsäure.

Das ganze Verhalten der Cyanur-, Mecon- und Citronsäure deutet darauf hin, dass sie im getrockneten Zustande kein Wasser enthalten, nach *Davy's* Ansicht ist ihre Constitution folgende:

$Cy_6 O_6 + 6H$ Cyanursäure,
$C_{14} H_2 O_{14} + 6H$ Meconsäure.

Die Salze dieser Säuren sind den phosphorsauren analog zusammengesetzt, ihre Beziehungen zu den Modificationen der Phosphorsäure habe ich in dem Vorhergehenden berührt.

Nach der Ansicht von *Davy* ist es vollkommen gleichgültig, ob Elemente des Radikals der Säure hinweggenommen werden, oder ob neue hinzutreten. Das Sättigungsvermögen hängt davon nicht ab.

Die Metameconsäure [55] ist

$$C_{12} H_4 O_{10} + H_4.$$

Die Pyromeconsäure

$$C_{10} H_6 O_6 + H_2.$$

Beide entsprechen in dieser Form der Pyro- und Metaphosphorsäure, dasselbe gilt für die Knall- und Cyansäure.

Davy's Ansicht leitet zu der Möglichkeit der Existenz gewisser Wasserstoffverbindungen der Radikale der Mecon- und Chinasäure z. B., welche Basen sind. Man weiss in der That nicht, in welche Klasse von Körpern der Phosphorwasserstoff gehört, gegen Jodwasserstoffsäure spielt er offenbar die Rolle des Ammoniaks, gegen manche Oxyde verhält er sich wie eine Wasserstoffsäure. Die Ursache der Fähigkeit der organischen Basen, die Säuren zu neutralisiren, muss in ihrer Constitution begründet liegen, aber die grosse Anzahl [186] von Atomen, welche in einem Aequivalent dieser Basen enthalten sind, die Ungewissheit, in welcher man sich über ihre wahre Zusammensetzung befindet, macht alle Nachforschungen um bestimmte Beziehungen zwischen diesen Körpern und den eigenthümlichen Säuren, die neben ihnen vorkommen, aufzufinden, zu einem sehr unbefriedigenden Spiel mit Hypothesen.

Wir kennen aber in dem Melamin, Ammelin und Ammelid organische Basen von einfacherer Zusammensetzung, wir wissen, dass das erstere verwandelt werden kann in die beiden andern, wir wissen, dass jede von ihnen in Cyanursäure übergeführt werden kann, es lässt sich bei diesen Körpern und der Cyanursäure ein Zusammenhang nicht verkennen.

Nach *Davy*'s Ansicht ist es wahrscheinlich, dass eine Verbindung von Stickstoff mit Wasserstoff existirt, von welcher die Salpetersäure abzuleiten wäre, welche weniger Wasserstoff enthält, als wie das Ammoniak. Sie würde aus 2 Atomen Stickstoff und 2 Atomen Wasserstoff zusammengesetzt sein, N_2H_2, in dem Amid kennen wir bekanntlich eine andere, welche doppelt so viel Wasserstoff enthält.

Bei der Umwandlung des Melamins in Cyanursäure beobachten wir nun Folgendes: bei der ersten Einwirkung einer Säure wird dem Melamin eine gewisse Menge Stickstoff und Wasserstoff entzogen und ersetzt durch Sauerstoff, das entstandene Product ist Ammelin, bei fortdauernder Zersetzung erfolgt eine neue Entziehung von Stickstoff und Wasserstoff, eine neue Aufnahme eines Aequivalents Sauerstoff, es entsteht Ammelid, zuletzt geht das Ammelid in Cyanursäure über, und damit ist die Grenze der Zersetzung erreicht.

Das Melamin ist nach der Formel $C_6N_{12}H_{12}$ zusammengesetzt. 6 At. Stickstoff und 6 At. Wasserstoff bleiben in der Cyanursäure, 6 andere Atome Stickstoff und Wasserstoff sind ersetzbar durch Sauerstoff. Der Versuch lehrt demnach, dass die eine Hälfte des Stickstoffs und Wasserstoffs in diesem [187] Körper in einer anderen Form enthalten ist, als die andere Hälfte: welche Ansicht man auch haben mag, diese Thatsache kann nicht geleugnet werden. In allen diesen Fällen sehen wir eine Quantität Stickstoff und Wasserstoff, ausdrückbar durch die Formel NH, ersetzt durch 1 Atom Sauerstoff, setzen wir $NH = M$ und nehmen wir an, der Kohlenstoff sei in diesen Basen als Cyan enthalten, so haben wir

$$Cy_6 \quad O_6 + H_6 \quad \text{Cyanursäure}$$
$$Cy_6 M_6 \quad + H_6 \quad \text{Melamin}$$
$$Cy_6 M_4 O_2 + H_6 \quad \text{Ammelin}$$
$$Cy_6 M_3 O_3 + H_6 \quad \text{Ammelid}$$
$$Cy_6 O_3 O_3 + H_6 \quad \text{Cyanursäure}[56]).$$

Das merkwürdigste in diesen Formeln ist unstreitig ihre Aehnlichkeit mit dem Ammoniak, so wie dieses aus einem Radikale in Verbindung mit 6 At. Wasserstoff besteht, so das Melamin und die beiden anderen. Aus der Zusammensetzung der Salze dieser Basen geht hervor, dass sie analog sind den Ammoniaksalzen; bezeichnen wir ihr Radikal mit R, so ist RH_3O die Basis in ihrer Verbindung mit Sauerstoffsäuren, das chlorwasserstoffsaure Melamin ist nach der Formel Cl^2RH_4 zusammengesetzt.*)

Bei diesen Umwandlungen beobachtet man, dass die basischen Eigenschaften in dem nämlichen Verhältnisse abnehmen, als die Quantität des Sauerstoffs zunimmt, welche in das Radikal eingeht. Das Melamin ist die stärkste Basis, das Ammelid ist Basis und Säure, es verbindet sich mit Säuren und Alkalien.

Das besondere Verhalten der Citronsäure und Aepfelsäure bei ihrer Sättigung mit Kalk und Baryt giebt zu einer anderen Betrachtung Veranlassung. Die kalt bereiteten Salze sind sehr löslich im Wasser, beim Erwärmen erfolgt eine Zersetzung, es schlägt sich ein schwer- oder unlösliches Salz nieder, was [188] von dem löslichen nur durch einen kleineren Wassergehalt verschieden ist, dieses Wasser wird von dem unlöslichen Salz nicht wieder aufgenommen. Es ist denkbar, dass in den löslichen Salzen die Säure und Basis unverändert enthalten sind, und dass sie erst bei Anwendung von Wärme sich gegenseitig ganz oder theilweise reduciren.

*) 0,1466 g lieferten 0,178 Wasser und 0,361 Kohlensäure.

Ich habe erwähnt, dass die soeben entwickelte Ansicht mich zu Versuchen über die Zusammensetzung mehrerer organischen Säuren geführt hat, die Resultate sind in dem ersten Abschnitt dieser Abhandlung niedergelegt; der einfache Schluss, dass in der Ansicht von den Wasserstoffsäuren das Silberoxyd, seiner leichten Reducirbarkeit wegen, vorzugsweise dienen müsse, um das wahre Atomgewicht einer Säure zu bestimmen, leitete ohne Weiteres zur Aufklärung aller Anomalien der citronsauren Salze; man hat Ursache zu fragen, ist die Ansicht wahr, weil sie zu Entdeckungen führen kann? Diese Frage ist schwer zu beantworten, man darf sich bei der Prüfung und Anwendung der neuen Theorie von diesen Resultaten nicht bestechen lassen. Jede Ansicht führt zur Anregung, sie zu prüfen, zu bestätigen, sie führt zu Versuchen, zu Arbeiten. Wenn man aber arbeitet, so ist man stets sicher, Entdeckungen zu machen, gleichgültig, von wo man ausgeht.

Auch *Laurent* hat in dem Sinne seiner Ansicht über die Constitution der organischen Körper [57] Entdeckungen gemacht. Sind diese Theorien deshalb in unsern Augen als wahr erkannt worden? Wir alle zweifeln daran.

So ist es denn mit der Theorie, die ich entwickelt habe, es ist eine allgemeinere Form, die chemischen Verbindungen mit einander in bestimmte Beziehungen zu bringen. Wir sind ungewiss, ob diese Form den wahren Beziehungen entspricht, und soviel kann man mit Bestimmtheit behaupten, dass die gegenwärtig herrschenden Ansichten grosse Lücken haben, die sich auf dem betretenen Wege nicht ausfüllen lassen. Die [189] neue Ansicht ist ein Versuch zu einem neuen Wege, ob er zum Ziele führen wird? wer kann es vorhersehen: aber ich bin tief von der Ueberzeugung durchdrungen, dass dieser Weg einen jeden, der ihn betritt, zu wichtigen und umfassenden Entdeckungen führen wird, er vereinigt alle chemischen Verbindungen zu einem harmonischen Ganzen, Aether und Ammoniak, Terpentinöl und Phosphorwasserstoff gehören nach dieser Theorie in ein und dieselbe Reihe.

Durch die Nacht führt unser Weg zum Lichte.

Anmerkungen.

1) *Zu S. 3.* Die vorstehende, 1838 in dem XXVI. Band der Annalen der Pharmacie veröffentlichte Abhandlung *Liebig*'s über die Constitution der organischen Säuren ist eine der hervorragendsten unter den in den 1830er Jahren ausgeführten Arbeiten, die von hauptsächlichstem Einfluss dafür waren, dass bis dahin in der Chemie herrschende allgemeinere Ansichten durch andere ersetzt wurden, deren Grundgedanken sich erhalten und von welchen aus die jetzt geltenden Lehren sich ausgebildet haben. Was die Abhandlung in dieser Richtung brachte und wie es wirkte, hat derselben dauernde hohe Bedeutung gegeben; wichtig war auch die Vergrösserung und Berichtigung des Discussionsmaterials durch die in ihr mitgetheilten Experimentaluntersuchungen.

Die an dem Schlusse der Abhandlung angezeigt gewesenen Druckfehler sind in dem vorliegenden Abdruck berichtigt.

Die von *Liebig* hier gebrauchten Atomgewichte sind die von *Berzelius* damals angenommenen, auf das des Sauerstoffs $= 100$ bezogenen; diesen nachstehend unter a (gekürzt) angegebenen Atomgewichtszahlen sind unter b die auf das Atomgewicht des Wasserstoffs $= 1$ reducirten hinzugefügt.

	a	b		a	b
O	100	16,03	Ba	856,88	137,32
H	6,24	1	Ca	256,02	41,03
C	76,44	12,25	Cu	395,7	63,41
S	201,17	32,24	K	489,92	78,52
P	196,14	31,43	Mg	158,35	25,38
Cl	221,33	35,47	Pb	1294,5	207,45
N	88,52	14,19	Pt	1233,5	197,68
Ag	1351,61	216,61	Sb	806,45	129,24
Al	171,17	27,43			

Anmerkungen. 67

Mit denselben Atomgewichten und der Formulirung *Liebig's* entsprechend sind auch die in diesen Anmerkungen ohne eine weitere Angabe vorkommenden Formeln geschrieben. Wie aus den unter *b* stehenden Zahlen leicht ersichtlich, stimmen für weitaus die meisten Elemente die jetzt denselben zuerkannten Atomgewichte (abgesehen von Berichtigungen in den Ziffern) mit den damals angenommenen überein; aber für Silber und Kalium (ebenso auch für Natrium) war das Atomgewicht doppelt so gross gesetzt als jetzt. Dem gemäss, dass die basischen Oxyde dieser Metalle als mit denen des Baryums, des Bleis u. a. atomistisch gleich constituirt: alle als MeO betrachtet waren. Eine Folge davon war, dass man die in den neutralen Salzen auch jener Metalle auf 1 At.-Gew. Metall bez.-w. Oxyd kommende Menge einer s. g. wasserfreien organischen Säure durch eine doppelt so grosse Anzahl von Atomgewichten der in der letzteren enthaltenen Elemente auszudrücken hatte, und Das übertrug sich auf die Formulirung der freien Säuren, welche für sich möglichst getrocknet als in der Beziehung zu den wasserfreien Salzen stehend angesehen waren, dass sie H_2O an der Stelle von MeO enthalten. Viele in *Liebig's* Abhandlung und in diesen Anmerkungen vorkommende Formeln entsprechen deshalb, wenn halbirt, den jetzt gebräuchlichen.

In den Formeln bedeutet aq. 1 At.-Gew. Wasser H_2O).

2) *Zu S. 3. Dumas* hatte 1837, damals der Ansicht zustimmend dass die organischen Substanzen Verbindungen zusammengesetzter Radikale seien, in seinem und *Liebig's* Namen erklärt, dass Beide gemeinsam sich mit der Untersuchung beschäftigen, welche zusammengesetzte Radikale in den verschiedenen organischen Substanzen enthalten seien.

3) *Zu S. 3.* Nämlich nach dem Resultat der von *Liebig* 1833 (Ann. Pharm. VII, 237) veröffentlichten Untersuchung über die Zusammensetzung der Meconsäure und der s. g. Metameconsäure.

4) *Zu S. 6.* Als Komensäure bezeichnete *Liebig* die von *Robiquet* 1832 aus Meconsäure erhaltene und damals, weil sie ebenso wie die letztere zusammengesetzt sei, als Parameconsäure benannte Säure, welche *Liebig* 1833, als er deren Zusammensetzung richtig bestimmte, vorläufig Metameconsäure genannt hatte.

5) *Zu S. 8.* Nach *Berzelius* $C_4H_4O_4$ für die wasserfreie Citronsäure, wie die letztere mit 1 At.-Gew. Metalloxyd MeO verbunden in wasserfreien neutralen Salzen enthalten sei.

6) *Zu S. 9.* *Baup* hatte 1836 angegeben, dass in der bei der trockenen Destillation der Citronsäure erhaltenen Flüssigkeit ausser der von *Lassaigne* 1822 darin gefundenen (der später Citraconsäure genannten) Pyrocitronsäure noch eine andere mit der ersteren isomere (die später als Itaconsäure benannte) Säure enthalten ist.

7) *Zu S. 10.* *Liebig* ging hier nicht darauf ein, dass bereits Angaben vorlagen, nach welchen die geschmolzen erhaltene Citronsäure sich zu einer anderen Säure umwandelt. Für die in dieser Weise sich bildende Säure hatte *Berzelius* 1833 die grosse Aehnlichkeit mit der Aconitsäure hervorgehoben und *Dahlström* bald nachher durch die vergleichende Untersuchung der Zusammensetzung der Salze die später vervollständigte Erkenntniss eingeleitet, dass beide Säuren identisch sind.

8) *Zu S. 10.* Zu der 1822 von *Wöhler* untersuchten Cyansäure, mit deren Zusammensetzung die der Knallsäure durch *Gay-Lussac* u. *Liebig* 1824 übereinstimmend gefunden wurde, war 1828 eine von *Serullas* bei der Zersetzung des festen Chlorcyans durch Wasser erhaltene Säure gekommen, welche Dieser als sauerstoffreicher wie *Wöhler*'s Säure betrachtete und Cyansäure nannte. *Wöhler* zeigte 1829, dass die neue Cyansäure mit einer schon durch *Scheele* als Product der trocknen Destillation der Harnsäure beobachteten Säure identisch ist und dass sie bei dem Erhitzen des Harnstoffs als Rückstand bleibt. Genauer untersuchten 1830 *Liebig* u. *Wöhler* diese Säure, deren Zusammensetzung sie richtig bestimmten und welche sie mit Rücksicht auf die Entstehung derselben aus Harnstoff und Harnsäure (οὖρον, Harn) Cyanursäure nannten.

9) *Zu S. 13.* Für die 1827 durch *Plisson* entdeckte Asparaginsäure war bis zu *Liebig*'s Untersuchung die Zusammensetzung noch nicht richtig bestimmt worden.

10) *Zu S. 14.* Nämlich das Atomgewicht bez.-w. die atomistische Formel der s. g. wasserfreien Säure. *Pelouze* und *Liebig* hatten 1834 die Zusammensetzung der bei 100° getrockneten freien Gallussäure der Formel $C_7 H_6 O_5$ entsprechend gefunden; der Erstere hatte auf Grund der Untersuchung eines Bleisalzes angenommen, dass die nämliche Formel der in wasserfreien Salzen mit Base vereinigten Säure zukomme.

11) *Zu S. 16.* Diese Formel betrachtete *Liebig* schon 1834 als die der getrockneten freien Galläpfel-Gerbsäure; *Berzelius* und *Pelouze* hatten aus ihren Analysen dafür $C_{18} H_{18} O_{12}$ abgeleitet. Darauf, wie später die Formel der Gerbsäure wiederholt

anders augenommen wurde, bis die jetzt für diese Säure anerkannte begründet war, ist hier nicht einzugehen.

12) *Zu S. 17.* Irrthümlich ist $2\,PbO = 2689{,}0$ statt $2789{,}0$ gesetzt.

13) *Zu S. 19.* Schon 1830 hatten so wie vorher *Prout* auch *R. Hermann* und *Berzelius* übereinstimmend die Zusammensetzung der mit 1 At.-Gew. Base McO zu neutralem Salz vereinigten (s. g. wasserfreien) Weinsäure der Formel $C_4H_4O_5$ entsprechend gefunden.

14) *Zu S. 22. Liebig* hatte 1833 $C_4H_4O_4$ als die der s. g. wasserfreien (vergl. die vorhergehende Anmerk.) Aepfelsäure (M) zukommende Formel nachgewiesen.

15) *Zu S. 25.* An die zu der Zeit, in welcher *Liebig* die vorliegende Abhandlung veröffentlichte, gewöhnlichen Vorstellungen über das relative Gewicht und damit über die atomistische Zusammensetzung Eines Atomes einer sauerstoffhaltigen Säure und daran, wie diese Vorstellungen sich gestaltet hatten, ist hier zu erinnern. — *Berzelius* hatte von 1811 an für die Salze unorganischer und etwas später auch für Salze organischer Säuren experimental festgestellt, dass die Sauerstoffgehalte der Base und der mit der letzteren zu wasserfreiem Salz vereinigten: der s. g. wasserfreien Säure in einem einfachen Verhältniss stehen und dass dieses Verhältniss für verschiedene neutrale Salze der nämlichen Säure ein constantes ist. Namentlich organische Säuren, welche für sich möglichst entwässert bei der Einwirkung von Basen Wasser austreten lassen, hatten ihm Beweise dafür ergeben, dass der Sauerstoffgehalt dieses austretenden Wassers zu dem der in das entstehende Salz eingehenden wasserfreien Säure in demselben Verhältniss stehe, wie der Sauerstoffgehalt der Base zu dem der wasserfreien Säure in neutralen Salzen der letzteren, und dass man demgemäss eine solche für sich möglichst entwässerte Säure als ein Säurehydrat zu betrachten habe, welches — Wasser als Base enthaltend — einem neutralen Salz der betreffenden Säure analog zusammengesetzt sei. — Aus dem Gewichtsverhältniss, nach welchem eine wasserfreie Säure sich mit einer Base von bekanntem Atomgewicht zu neutralem Salz vereinige, wurde auf das der Säure zukommende Atomgewicht geschlossen. Nach der Annahme der in Anmerk. 1 angegebenen Atomgewichte (1826; es ist nicht dabei zu verweilen, dass er vorher für die Metalle und deren Oxyde die Atomgewichte anders angenommen hatte) trat *Berzelius* der bereits von Anderen vertreten gewesenen Ansicht bei,

in den neutralen oder der Analogie der Zusammensetzung nach als neutrale zu bezeichnenden Salzen sei mit 1 At.-Gew. Base MeO 1 At.-Gew. wasserfreie Säure vereinigt.

16) *Zu S. 25.* *Liebig* hat hier darauf Bezug genommen, dass die in der vorhergehenden Anmerk. dargelegte Ansicht über die atomistische Zusammensetzung der neutralen Salze und die auf ihr beruhende Ableitung des Atomgewichtes einer Säure bereits als nicht durchweg — speciell nicht für die Phosphorsäure und die Arsensäure — zutreffend bez.-w. anwendbar erkannt waren. *Berzelius* selbst hatte 1816 gefunden, dass in den von ihm als neutrale betrachteten Salzen der gewöhnlichen Phosphorsäure — dem s. g. neutralen phosphorsauren Natron dem secundären Natriumsalz der Phosphorsäure) z. B. — die Sauerstoffgehalte der Base und der Säure in dem weniger einfachen Verhältniss 1 zu $2\frac{1}{2}$ stehen; diese Salze der Phosphorsäure, welche letztere wasserfrei nur P_2O_5 zu formuliren war, liessen sich nicht als 1 At.-Gew. Säure auf 1 At.-Gew. Base enthaltend betrachten, und Dasselbe hatte sich für die entsprechenden Salze der Arsensäure ergeben. Die Arbeit *Graham's*, welche vorher schon gemachte, damals unbegreifliche Wahrnehmungen über Ungleichheiten in dem Verhalten und den Verbindungen der Phosphorsäure durch umfassendere und tiefer gehende Forschung dahin aufklärte, dass diese Ungleichheiten darauf beruhen, ob 1 At.-Gew. wasserfreier Phosphorsäure mit 3 oder 2 oder 1 At.-Gew. Base (eigentlicher Base oder basischen Wassers) fester verbunden sei, — diese Arbeit, welche der Ausgangspunkt für die Bekanntschaft mit verschiedenbasischen Säuren gewesen ist, war 1833 veröffentlicht worden.

17) *Zu S. 25.* Nämlich in einem tertiären Salz der gewöhnlichen Phosphorsäure, welches *Liebig* hier zunächst in Betracht zieht.

18) *Zu S. 25.* Damals wurde, wenn man Atomgewichte und Aequivalentgewichte unterschied, jedem Element wie Ein Atomgewicht so auch Ein constantes Aequivalentgewicht von den Meisten beigelegt und daran festgehalten, dass auch das Verhältniss, nach welchem Aequivalente verschiedener Elemente sich zu einer Verbindung vereinigen, stets durch kleine ganze Zahlen ausdrückbar sein müsse.

19) *Zu S. 26.* Unter »Sättigungscapacität einer Säure« verstand *Berzelius* die Menge Sauerstoff, die in derjenigen Menge Base enthalten ist, welche mit 100 Gew.-Th. der wasserfreien Säure neutrales Salz bildet. *Liebig* bezeichnet hier mit diesem

Anmerkungen. 71

Ausdruck das atomistische Verhältniss, nach welchem sich eine Säure mit Basen vereinigt.

20) *Zu S. 26.* Wie an der gewöhnlichen Phosphorsäure zuerst der Begriff einer dreibasischen Säure klar gemacht wurde, war die Pyrophosphorsäure die erste Säure, welche den Chemikern als eine zweibasische Säure bekannt wurde, und als eine solche blieb sie lange Zeit anerkannt, bis bei veränderten Ansichten über die Constitution der Salze durch die Berichtigung der Verhältnisse, in welchen die Atomgewichte von Metallen (speciell der Alkalimetalle und des Silbers; vergl. Anmerk. 1) zu dem des Sauerstoffs stehen, Veranlassung dazu gegeben wurde, so wie es *Odling* 1854 that, die Pyrophosphorsäure als eine vierbasische Säure zu betrachten.

21) *Zu S. 26.* Das hier Gesagte ist nicht klar. Dass die in einem Salz der gewöhnlichen Phosphorsäure auf 1 At.-Gew. Base kommenden Mengen Phosphor und Sauerstoff durch $P_{\frac{2}{3}}O_{\frac{5}{3}}$ ausgedrückt seien, war S. 25 hervorgehoben; durch Zutreten von $\frac{1}{6}$ Atom Phosphor und der $\frac{1}{6}$ P entsprechenden Menge Sauerstoff, d. i. $\frac{5}{6}$ O resultirt $PO_{\frac{5}{2}}$, der Ausdruck für diejenigen Mengen der beiden Elemente, für welche in dem Nächstvorhergehenden hervorgehoben ist, dass sie in einem pyrophosphorsauren Salz auf 1 At.-Gew. Base enthalten seien. Dann wendet sich *Liebig* zur Formulirung der Pyrophosphorsäure- und der Metaphosphorsäure-Verbindungen unter Beziehung der darin enthaltenen Menge Säure auf diejenige Quantität Base, welche in denen der gewöhnlichen Phosphorsäure mit $P_2 O_5$ vereinigt ist: 3 At.-Gew. Base.

22) *Zu S. 27.* Diese Formeln schliessen auch, sofern $P_2 O_5$ durch $2\underline{P}$ ausgedrückt sein sollte, für alle Pyrophosphorsäure-Verbindungen Bruchtheile von Atomen ein.

23) *Zu S. 28.* Es wird hier versucht, die Möglichkeit ungleicher Constitution für drei Salze von dem Zusammensetzungsverhältniss des metaphosphorsauren Natrons zu erklären: für ein die gewöhnliche Phosphorsäure $\underline{P}_2$, d. i. $P_2 O_5$ und für ein die Pyrophosphorsäure $\underline{P}_3$, d. i. $P_3 O_{7\frac{1}{2}}$ enthaltendes ausser für das die Metaphosphorsäure $\underline{P}_6$, d. i. $P_6 O_{15}$ enthaltende. Die Formeln in der oberen Horizontalreihe geben an, wie viele durch $\underline{P}_2$, $\underline{P}_3$, $\underline{P}_6$ ausgedrückte Gewichte von diesen Säuren in den drei Salzen auf 3 NaO kommen würden; die Formeln in der unteren Reihe, wie die beiden ersteren Salze, als neben gewöhnlich-phosphorsaurem bez.-w. pyrophosphorsaurem Natron noch

eine gewisse weitere Menge der betreffenden Säure im wasserfreien Zustand enthaltend, unter sich und von dem metaphosphorsauren Natron verschieden constituirt wären.

24) *Zu S. 29.* Als *Berzelius* 1830 die Existenz von Verbindungen anerkannte, welche bei gleicher Elementarzusammensetzung doch bestimmt chemisch verschieden sind, bezeichnete er solche Verbindungen als isomere, und bald nachher unterschied er diejenigen, für welche die Verschiedenheit aus der Ungleichheit der Gewichte der kleinsten Theilchen zu erklären sei, als polymere von denjenigen, für welche bei gleichem Gewichte der kleinsten Theilchen ungleiche Gruppirung der dieselben zusammensetzenden Atome die Verschiedenheit begreiflich mache, als metameren. Solche Verbindungen, deren Verschiedenheit weder in der einen noch in der anderen Art zu deuten war, wurden dann schlechthin isomere genannt; so die in den Hydraten und Salzen der verschiedenen Phosphorsäuren angenommenen wasserfreien Säuren P_2O_5.

25) *Zu S. 30.* »Salinisches Wasser« hatte zur Unterscheidung von dem durch Basen ersetzbaren basischen Wasser in wasserhaltigen Säuren und dem schon bei geringerer Temperaturerhöhung weggehenden Krystallwasser in wasserhaltigen Säuren und Salzen *Graham* 1836 dasjenige in solchen Verbindungen enthaltene Wasser genannt, welches erst durch stärkeres Erhitzen auszutreiben und der Ersetzung durch ein Salz fähig sei: in dem s. g. Bihydrat der Schwefelsäure $SO_3, 2H_2O$ z. B. durch schwefelsaures Kali unter Bildung von saurem Salz, in dem Zinkvitriol durch schwefelsaures Kali unter Bildung eines Doppelsalzes.

26) *Zu S. 31.* Noch lange wurde die Knallsäure als eine Sauerstoffsäure des Cyans betrachtet, welche zu der Cyansäure in der Beziehung der Isomerie bez.-w. der Polymerie stehe. Der von *Berzelius* 1844 gemachte Versuch, die Explodirbarkeit der knallsauren Salze durch die Annahme von Stickstoffmetall als einem Bestandtheil derselben zu erklären, fand keine Unterstützung durch Das, was bezüglich dieser Salze als Thatsächliches gefunden war. Die zuerst, 1845, von *Gerhardt* ausgesprochene, dann durch ihn und *Laurent* vertretene Ansicht, in der Knallsäure sei eine Nitrogruppe enthalten, wurde von 1857 an durch die, die neueren Arbeiten über diese Säure einleitenden Experimentaluntersuchungen *Kekulé*'s begründet.

27) *Zu S. 37.* Bezüglich der Pyrocitronsäure vergl. S. 9 und Anmerk. 6.

28) *Zu S. 37.* $C_5H_4O_3$ für die s. g. wasserfreie Pyrocitronsäure nach *Dumas'* Untersuchung 1833.

29) *Zu S. 37.* Der wasserfreien Säure, wie sie in dem gelben komensauren Silberoxyd (S. 6) mit Base vereinigt sei.

30) *Zu S. 38.* Vergl. Anmerk. 13.

31) *Zu S. 39. Fremy* hatte 1838 unter den Producten, welche bei dem Erhitzen der Weinsäure unter Austreten von Wasser aus derselben entstehen, zwei als Tartralsäure und Tartrelsäure bezeichnete Säuren unterschieden. Der Tartralsäure, so wie sie wasserfrei in dem Bleisalz (dessen Bleioxydgehalt sich stark wechselnd ergab) enthalten sei, legte er die Formel $C_9H_8O_{10}$ unter der Voraussetzung bei, dass das hierdurch ausgedrückte Gewicht der Säure sich mit $1\frac{1}{2}$ At.-Gew. Base vereinige; *Liebig*, welcher diese Säure Tartrilsäure nannte, änderte *Fremy's* Formel zu $C_6H_6O_{7\frac{1}{2}}$ als dem Ausdruck des Gewichtes wasserfreier Säure ab, welches sich mit 1 At.-Gew. Base verbinde. Für die Tartrelsäure, so wie sie mit 1 At.-Gew. Base zu Salz vereinigt sei, fand *Fremy* die Formel $C_8H_8O_{10}$.

32) *Zu S. 39.* Bezüglich der Bedeutung von P in diesen Formeln vergl. S. 26.

33) *Zu S. 40.* Die »krystallinische Brenzweinsäure« ist die jetzt noch als Brenz- oder Pyroweinsäure bezeichnete Säure, für welche *Pelouze* 1834 die angegebene Zusammensetzung bestimmte; die »ölartige Brenzweinsäure« ist die von *Berzelius* 1835 beschriebene, damals schon von ihm Brenztraubensäure genannte Säure, für welche er die angegebene Zusammensetzung fand.

34) *Zu S. 40.* Nach den S. 20 mitgetheilten Resultaten der Analyse.

35) *Zu S. 42.* In einem etwa ein Jahr früher, als die hier wieder vorgelegte Abhandlung *Liebig's*, (1837) von Diesem gemeinsam mit *Dumas* veröffentlichten Aufsatz über die Constitution einiger Säuren, in welchem bereits $C_8H_{12}O_{12}$ als die richtigere Formel der krystallisirten Weinsäure angenommen und die Bildung von Salzen als auf Vertretung von Wasserstoff in dieser Säure durch Metall beruhend betrachtet wurde, war der bei hoher Temperatur getrocknete Brechweinstein $C_8H_4KSb_2O_{12}$ formulirt, Dem entsprechend, dass 1 At. Kalium 2 und je 1 At. Antimon 3 At. Wasserstoff ersetze.

36) *Zu S. 42. Berzelius* hatte $C_6H_{10}O_5$ als die der krystal-

lisirten Schleimsäure zukommende Formel bestimmt, und die nämliche Zusammensetzung war auch für die mit Base zu wasserfreiem Salz vereinigte Säure angenommen worden. Die von *Malaguti* 1836 für die s. g. wasserfreie Schleimsäure gefundene Formel $C_6H_4O_7$ war sofort durch *Liebig* u. *Pelouze* bestätigt worden.

37) *Zu S. 43*. *Malaguti*, welcher die aus der Lösung von Schleimsäure in siedendem Wasser zu erhaltende, von ihm Paraschleimsäure genannte Säure 1835 untersuchte, hatte sie als mit der Schleimsäure gleich zusammengesetzt betrachtet.

38) *Zu S. 43*. Es ist zu lesen $C_{10}H_6O_5 + aq$. Diese Formel war durch *Boussingault* 1835 festgestellt worden, nachdem *Pelouze* 1834 gefunden hatte, dass die krystallisirte Pyroschleimsäure nach dem Verhältniss $C_5H_4O_3$ zusammengesetzt ist.

39) *Zu S. 44*. Die Vermuthung war irrig; die beiden Säuren sind als metamere erkannt worden.

40) *Zu S. 44*. Bei Annahme der in Anmerk. 1 angegebenen Atomgewichte war mit 1 Atom von den meisten Metallen ein Doppelatom Wasserstoff, mit 1 Atom Sauerstoff ein Doppelatom Chlor äquivalent; noch für andere Elemente, speciell den Stickstoff, wurde ein Doppelatom als 1 Aequivalent bezeichnet. Auch nach *Berzelius*' Ansicht war es wenigstens das Gewöhnliche, dass in den kleinsten Theilchen von Verbindungen Doppelatome dieser Elemente enthalten seien, nicht ein einzelnes Atom oder eine ungerade Anzahl von Atomen.

41) *Zu S. 44*. Vgl. S. 16 ff. und Anmerk. 11.

42) *Zu S. 46*. Das als Ellagallussäure oder Ellagsäure bezeichnete Umwandlungsproduct der Galläpfel-Gerbsäure hatte *Pelouze* 1834 getrocknet der Formel $C_7H_4O_4$, krystallisirt der Formel $C_7H_4O_4 + H_2O$ entsprechend zusammengesetzt gefunden. Die Formel $C_{14}H_4O_7, H_2O$ für die getrocknete Säure bestimmten *Merklein* u. *Wöhler* 1845 bei der Untersuchung der als mit der Ellagsäure identisch erkannten Bezoarsäure.

43) *Zu S. 47*. *Berzelius* 1815, *Pelouze* und *Liebig* 1834 hatten die Zusammensetzung der sublimirten Pyrogallussäure der Formel $C_6H_6O_3$ entsprechend gefunden, und die beiden Ersteren diese Formel als auch die mit 1 At.-Gew. Bleioxyd sich vereinigende Säuremenge ausdrückend.

44) *Zu S. 47*. Als Metagallussäure hatte *Pelouze* 1834 eine von *Berzelius* nachher Melangallussäure und dann Gallhuminsäure genannte Säure bezeichnet, welche aus Gallussäure

Anmerkungen. 75

oder Gerbsäure bei angemessenem Erhitzen dieser Substanzen entstehend die Zusammensetzung $C_{12}H_6O_3$, H_2O habe.

45) *Zu S. 48.* Von den beiden schon vorher beachteten Säuren, welche bei dem Erhitzen der Aepfelsäure entstehen, unterschied *Pelouze* 1834 als Maleinsäure die in Wasser leicht lösliche, für welche er die Zusammensetzung $C_4H_2O_3$, H_2O bestimmte und beobachtete, dass sie in der Wärme unter Austreten des durch Base ersetzbaren Wassers zu wasserfreier Säure $C_4H_2O_3$ werde, und als Paramaleinsäure die in Wasser schwer lösliche, für welche sich ihm dieselbe Zusammensetzung wie für die Maleinsäure ergab. Eine von *Braconnot* 1828 im Equisetum fluviatile gefundene und als Equisetsäure bezeichnete Säure betrachtete *Regnault* 1836 auf Grund seiner Untersuchung derselben als identisch mit der Maleinsäure; die letztere ist darauf hin in *Liebig*'s Abhandlung Equisetsäure genannt die von *Liebig* etwas später, 1840, vermuthete Identität der eigentlichen Equisetsäure mit der Aconitsäure wurde 1850 durch *Baup* und durch *Dessaignes* erwiesen. Für die Paramaleinsäure zeigte *Demarçay* 1834 die Identität mit der von *Winckler* 1833 in der Fumaria officinalis gefundenen Fumarsäure; der letztere Name ist für diese Säure in *Liebig*'s Abhandlung gebraucht.

46) *Zu S. 49.* Was *Liebig* S. 25 als das Resultat der vorausgeschickten Experimentaluntersuchungen über die Zusammensetzung von Salzen organischer Säuren angekündigt hatte: dass die Ansicht, das Atomgewicht einer Säure sei gegeben durch dasjenige Gewicht derselben, welches mit 1 At.-Gew. Base MeO zu neutralem Salz vereinigt sei, für eine grössere Anzahl organischer Säuren eben so wenig Gültigkeit habe, wie für die Phosphorsäure und die Arsensäure, — Das bringt er nach der Besprechung Dessen, was für einzelne Säuren zu folgern sei, jetzt in allgemeinerer Weise durch die Proclamirung der Existenz mehrbasischer organischer Säuren zum Ausdruck. Hierfür bedient er sich da noch der damals durchweg gebräuchlichen Formulirung, welche der (im letzten Theil der vorliegenden Abhandlung von ihm kritisch betrachteten) Auffassung entsprach, an die schon in Anmerk. 15 zu erinnern war: dass s. g. wasserfreie organische Säure, wie sie in wasserfreien Salzen mit Base verbunden sei, auch ein Bestandtheil der freien, für sich möglichst entwässerten Säure sei, zu dieser mit s. g. basischem Wasser vereinigt, welches bei der Salzbildung durch eigentliche Base ersetzt werde. Hiernach war für jede organische Säure zu bestimmen, welches Gewicht und welche Zusammensetzung dem

Atom X derselben als wasserfreier zukomme, das in 1 Atom oder kleinsten Theilchen eines neutralen Salzes X, MeO oder der freien Säure: des s. g. Säurehydrates X, H_2O enthalten sei; ein saures Salz wurde als eine Verbindung von neutralem mit Säurehydrat, ein basisches als eine Verbindung von neutralem mit einer weiteren Menge Base gedeutet. *Berzelius*, von welchem diese Betrachtungsweise ausgebildet und zu Geltung gebracht worden war, hatte selbst für Eine organische Säure: die Citronsäure, Schwierigkeiten gefunden, sie durchzuführen, sofern sich ihm für die freie Säure und für einzelne Salze derselben nach vollständigem Entwässern dieser Verbindungen eine andere Zusammensetzung ergab, als die der von ihm vorher für die wasserfreie Säure abgeleiteten Formel $C_4H_4O_4$ entsprechende, aber er glaubte noch, diese wenigstens anscheinende Ausnahme von der Regel als darauf beruhend erklären zu können, dass in stärker erhitzten Verbindungen der Citronsäure ein Umwandlungsproduct derselben enthalten sei, das bei Einwirkung von Wasser wieder zu Citronsäure werde. Die Zulässigkeit dieser Erklärung wurde 1837 durch *Liebig* und *Dumas* bestritten, welche in einem Aufsatz über die Constitution einiger Säuren sich dafür aussprachen, dass, wenn in den Verbindungen der Citronsäure eine s. g. wasserfreie Säure angenommen werde, das Atom der letzteren durch $C_{12}H_{10}O_{11}$ auszudrücken und das der für sich möglichst entwässerten Säure als $C_{12}H_{10}O_{11}.3H_2O$ zu betrachten sei; 3 Atome s. g. basisches Wasser, welche durch die gleiche Zahl von Atomen eigentlicher Base MeO ersetzbar seien, habe man dann in 1 Atom oder kleinsten Theilchen freier Citronsäure anzunehmen. Da wurde von diesen Forschern als eine andere Säure, in deren Atom mehr als 1 At. basisches Wasser anzunehmen sei, auch bereits die krystallisirte Weinsäure genannt, deren Atomgewicht und Constitution bisher durch $C_4H_4O_5, H_2O$ angegeben gewesen war; dafür, wurde jetzt als richtigere Formel $C_8H_4O_8, 4H_2O$ vorgeschlagen um auf sie die Zusammensetzung des bei hoher Temperatur getrockneten Brechweinsteins (vgl. Anmerk. 35' beziehen zu können, — eine Formel, welcher übrigens *Liebig* schon 1838 in der hier vorliegenden Abhandlung eine andere, $C_8H_8O_{10}.2H_2O$, vorzog.

Der bisher üblichen Art der Formulirung für sich möglichst entwässerter organischer Säuren, nach welcher dieselben als aus wasserfreier Säure und basischem Wasser zusammengefügt hingestellt waren, bedient sich *Liebig* in dieser Abhandlung zunächst noch: ob eine Säure 1- oder 2- oder 3basisch sei, wird

Anmerkungen. 77

angegeben durch die Anzahl der Atome basischen Wassers, welche mit 1 Atom wasserfreier Säure zu 1 Atom getrockneter freier Säure vereinigt sei; für dieses letztere Atom drückte die ganze Formel das demselben zukommende relative Gewicht und die atomistische Elementarzusammensetzung aus.

47) *Zu S. 50.* Die hier von *Liebig* gegebene Zusammenstellung verschiedenbasischer Säuren zur Erläuterung der zwischen ihnen obwaltenden Beziehungen umfasst nicht alle die organischen Säuren, für deren jede er in der vorliegenden Abhandlung zugleich mit der Frage, welche Basicität ihr zuzuerkennen sei, auch die erörtert hat, welche atomistische Formel und damit welches relative Gewicht einem — damals noch als Atom, jetzt als Molecül bezeichneten — kleinsten Theilchen derselben zukomme. Den Antheil an der Ueberleitung von den hierüber vorher gehegten Ansichten zu den später geltend gewordenen, den die damals von *L.* erlangten Resultate gehabt haben, lässt eine vollständigere Uebersicht der letzteren beurtheilen. Zu den von ihm S. 50 mit den nachstehenden Formeln zusammengestellten Säuren:

Cyanursäure	$Cy_6 O_3 . 3H_2O$	$= C_6 N_6 H_6 O_6$
Knallsäure	$Cy_4 O_2 , 2H_2O$	$= C_4 N_4 H_4 O_4$
Cyansäure	$Cy_2 O , H_2 O$	$= C_2 N_2 H_2 O_2$
Meconsäure	$C_{14} H_2 O_{11} . 3H_2O$	$= C_{14} H_8 O_{14}$
Komensäure	$C_{12} H_4 O_8 , 2H_2O$	$= C_{12} H_8 O_{10}$
Pyromeconsäure	$C_{10} H_6 O_5 , H_2O$	$= C_{10} H_8 O_6$
Citronsäure	$C_{12} H_{10} O_{11} , 3H_2O$	$= C_{12} H_{16} O_{14}$
1. Pyrocitronsäure*	$C_{10} H_8 O_6 , 2H_2O$	$= C_{10} H_{12} O_8$
2. Pyrocitronsäure??**	$C_5 H_4 O_3 , H_2O$	$= C_5 H_6 O_4 \div$

* Citracon- oder Itaconsäure; vgl. S. 9 und Anmerk. 6. —
**) Für die von *L.* als sehr fraglich bezeichnete 2. Pyrocitronsäure, welche zu der 1. in der Beziehung der Polymerie stehen würde, wäre die Formel so wie hier angegeben, nicht wie S. 50 irrthümlich gedruckt war, zu lesen.

kommen noch:

Weinsäure	$C_8 H_8 O_{10} . 2H_2O$	$= C_8 H_{12} O_{12}$
Pyroweinsäure*	$C_5 H_6 O_3 , H_2O$	$= C_5 H_8 O_4 \div$
Pyrotraubensäure	$C_6 H_6 O_5 . H_2O$	$= C_6 H_8 O_6$

*) Vgl. Anmerk. 33.

Anmerkungen.

Aepfelsäure	$C_8H_8O_8, 2H_2O$	$= C_8H_{12}O_{10}$
Maleïn- oder Fumarsäure *)	$C_8H_4O_6, 2H_2O$	$= C_8H_8O_8$
Asparaginsäure	$C_8N_2H_{10}O_6, 2H_2O$	$= C_8N_2H_{14}O_8$

*) Vgl. Anmerk. 45.

Schleimsäure	$C_{12}H_{16}O_{14}.2H_2O$	$= C_{12}H_{20}O_{16}$
Pyroschleimsäure	$C_{10}H_6O_5, H_2O$	$= C_{10}H_8O_6$
Gerbsäure	$C_{18}H_{10}O_9, 3H_2O$	$= C_{18}H_{16}O_{12}$ †††
Gallussäure	$C_7H_2O_3, 2H_2O$	$= C_7H_6O_5$ †
Pyrogallussäure	$C_6H_2O.2H_2O$	$= C_6H_6O_3$ †

Ein Blick auf die (hinzugefügten) zusammengezogenen Formeln lässt ersehen, dass durch sie für weitaus die meisten unter den in Betracht gezogenen Säuren solche Gewichte als die der kleinsten Theilchen angegeben sind, welche unter einander und zu dem für die Essigsäure durch die derselben damals beigelegte Formel $C_4H_6O_3.H_2O = C_4H_8O_4$ ausgedrückten in den nämlichen Verhältnissen stehen, wie die für die betreffenden Verbindungen jetzt anerkannten Moleculargewichte. Für weitaus die meisten unter den hier aufgeführten Säuren giebt (vgl. S. 67 in Anmerk. 1) die Halbirung der von *Liebig* ihnen zugetheilten Formeln die uns jetzt geläufigen Molecularformeln; für eine kleinere Zahl von Verbindungen, die im Vorstehenden mit † bezeichnet sind, haben spätere Untersuchungen solche Formeln, mit welchen die von *L.* aufgestellten geradezu übereinstimmen, als die richtigeren ergeben, für die Gerbsäure haben sie zu einem anderen atomistischen Zusammensetzungsverhältniss geführt. Für jene Säuren war der Uebergang von den *Liebig*'schen Formeln zu den neueren eine Transposition der ersteren in eine die absoluten Anzahlen der in je Einem Molecül einer Verbindung enthaltenen elementaren Atome richtiger angebende Formulirung, nicht mehr eine Berichtigung des atomistischen Zusammensetzungsverhältnisses je einer und der Beziehungen zwischen mehreren von ihnen.

Dauernd ist geblieben die von *Liebig* begründete Unterscheidung verschiedenbasischer organischer Säuren. Für viele von den durch ihn unter diesem Gesichtspunkt in der vorliegenden Abhandlung betrachteten Säuren ist noch anerkannt, was er bezüglich ihrer Basicität — ob sie 1- oder 2- oder 3-basisch seien — folgerte und in den vorstehenden Formeln ausdrückte. Für einige hat, was *L.* gefunden, später eine etwas abgeänderte Auslegung dadurch erhalten, dass eine weiter und tiefer gehende

Betrachtung des Baues der Moleküle unterscheiden liess, wievielatomig o. -werthig und wievielbasisch eine Säure sei, und Dem entsprechend ist die jetzige Charakterisirung einer oder der anderen Säure (so der Meconsäure und der Komensäure) verschieden von der durch ihn gegebenen. Für einzelne von *Liebig* besprochene Säuren bez.-w. als Säuren in Betracht gezogene Verbindungen lassen allerdings die Resultate späterer Forschungen die Basicität wesentlich anders beurtheilen, als Dies damals durch ihn geschah; es sind Substanzen, für welche es lange noch ungewiss blieb, wie man sie anzusehen habe.

Specieller kann darauf hier nicht eingegangen werden. Aber zusammenzufassen ist hier, auf was hin *Liebig* eine organische Säure als eine mehrbasische beurtheilte. Die Kriterien dafür gewährte hauptsächlich, wie sich die Säure bezüglich der Bildung von Salzen verhält: dass mehrbasische Säuren geneigt seien, saure Salze zu bilden, befähigt zur Bildung mehrerer Salze mit derselben fixen Base und solcher Salze, welche mehrere Basen enthalten und doch von den eigentlichen Doppelsalzen verschieden seien (S. 30, 38, 48, 50). Dazu kam, dass eine Säure nicht eine einbasische sein könne, wenn der Versuch, sie als solche in einem Salz mit 1 At.-Gew. Base MeO vereinigt zu betrachten, zu einer Formel führe, welche Bruchtheile von Atomen (S. 46) oder ein Einzelatom Stickstoff (S. 44) enthält. Ausserdem bemerkte *L*. noch (S. 49 f.), dass einbasische Säuren selten Pyrogensäuren entstehen lassen, die anderen aber in der Wärme gewisse Veränderungen erleiden, die denjenigen ähnlich seien, welche die Phosphorsäure unter denselben Umständen erfahre. — Als die Prototypen für die verschiedenbasischen organischen Säuren abgebend wurden von *Liebig* unorganische Säuren betrachtet: für die dreibasischen die gewöhnliche Phosphorsäure, für die zweibasischen die Pyrophosphorsäure (vgl. Anmerk. 20), für die einbasischen S. 30 die Schwefelsäure. Die Berichtigung der die letztere betreffenden Ansicht ergab sich, als von 1842 an durch *Gerhardt* und bald im Anschluss an Diesen auch durch *Laurent* weitere Anhaltspunkte für die Unterscheidung einbasischer und zweibasischer Säuren gefunden und in Anwendung gebracht wurden: ob eine Säure nur einen neutralen Aether und nur ein neutrales Amid oder auch eine Aethersäure bez.-w. eine Aminsäure zu bilden vermag, ob zu der Bildung von 1 Volum des Dampfes ihres neutralen Aethers 1 oder 2 Volume Alkoholdampf beitragen, u. a.; da wurde mit der Oxalsäure und der Kohlensäure, welche vorher gleichfalls als

Anmerkungen.

einbasisch angesehen gewesen waren, auch die Schwefelsäure als zweibasisch erkannt.

48) *Zu S. 51. Liebig* lässt der »Theorie«, wie er S. 25 den Abschnitt der vorliegenden Abhandlung überschreibt, in welchem er die Lehre von der Existenz mehrbasischer organischer Säuren begründet, hier als »Hypothese« einen folgen, in welchem er die Constitution der sauerstoffhaltigen Säuren im Allgemeinen erörtert. Auch dieser letztere Abschnitt ist von grösster Wichtigkeit für die Ausbildung der chemischen Ansichten geworden, namentlich danach, wie durch die in ihm dargelegten Betrachtungen der Uebergang von den vorher anerkannten Lehren über die Constitution der sauerstoffhaltigen Säuren und Salze zu den jetzigen gefördert worden ist. Ein kurzer Rückblick auf die älteren Lehren und eine Vorerinnerung an die von *Liebig* selbst hervorgehobenen vorausgegangenen Versuche, diese Lehren abzuändern, dürften hier am Platze sein.

Für die als eigentliche Salze bezeichneten Verbindungen war in der letzten Zeit, in welcher die Phlogistontheorie herrschte, kein Zweifel darüber, dass jede derselben aus einer Säure und einer Base zusammengefügt sei; dass man damals vermeintlich möglichst von Phlogiston befreite Säuren wie die Vitriolsäure oder die Salpetersäure bez.-w. Basen wie den Aetzkalk oder den s. g. Bleikalk als einfachste Arten von Körpern betrachtete, liess für viele Salze eine andere Annahme bezüglich der Bestandtheile derselben überhaupt nicht zu. Bei der Umgestaltung der chemischen Ansichten durch *Lavoisier* blieb die die Constitution der Salze betreffende ungeändert, aber nachgewiesen wurde von ihm für verschiedene Säuren und für gewisse Basen: die bis dahin als Metallkalke bezeichneten, dass sie zusammengesetzte Körper sind; zu glauben, dass alle Säuren sauerstoffhaltig seien, erschien ihm als etwas Wohlbegründetes, und dass wie die eben erwähnten Basen auch die Erden Sauerstoff enthalten, vermuthete er. Diese Vermuthung wurde durch *H. Davy* sofort nach der von ihm 1807 gemachten Entdeckung, dass auch die fixen Alkalien Sauerstoffverbindungen eigenthümlicher Metalle sind, bestätigt; andererseits gaben die letzteren Metalle das Hülfsmittel dafür ab, dass wenigstens für Eine von den Säuren, welche von *Lavoisier* auf Grund vermeintlicher allgemeinerer Erkenntniss als sauerstoffhaltig angesehen worden waren: für die Borsäure der Sauerstoffgehalt nachgewiesen werden konnte. So stand gegen 1809 die alte Lehre von der Constitution der Salze: dass Säure und Base die Bestandtheile derselben seien, noch unbestritten da, dahin weiter ausgebildet, dass jeder dieser Bestandtheile Sauerstoff enthalte. Doch schon von 1810 an wurde die allgemeine Gültigkeit dieser Lehre bestritten, als der Misserfolg aller Versuche, in dem salzsauren Gas, wasserfreien salzsauren Salzen und dem als oxydirte Salzsäure bezeichnet gewesenen Körper den bisher angenommenen Sauerstoffgehalt nachzuweisen, *H. Davy* den letzteren, von ihm Chlor genannten Körper als einen unzerlegbaren, das salzsaure Gas und die genannten Salze als Verbindungen des Chlors mit Wasserstoff bez.-w. mit Metallen betrachten liess. Was da behauptet und bald durch die Ergebnisse der Untersuchungen über das Jod und das Cyan unterstützt von den Meisten anerkannt wurde, liess sauerstofffreie Säuren (Wasserstoffsäuren, wie sie nach dem gemeinsamen Bestandtheil *Gay-Lussac* 1814 nannte) und sauerstoffhaltige die dann als Sauerstoffsäuren bezeichneten) unterscheiden, und in gleicher Weise zwei Klassen von Salzen. Für die Salze sauerstoffhaltiger Säuren blieb die alte Lehre von der Zusammenfügung derselben aus Säure und Base fast allgemein noch in Geltung; dieser Lehre entsprach (vgl. Anmerk. 15) *Berzelius'* Darlegung der von ihm für solche Salze constatirten Gesetzmässigkeiten in den Verhältnissen zwischen den Sauerstoffgehalten der darin angenommenen wasserfreien Säure und der Base, und die von ihm eingeführte Betrachtung einer für sich möglichst entwässerten Säure als einer einem neutralen Salz vergleichbaren Verbindung von wasserfreier Säure mit basischem Wasser.

Es wurde nicht verkannt, dass bei der Unterscheidung von zwei Klassen von Säuren und von Salzen etwas Naturwidriges darin liege, so ähnlichen Verbindungen wie den in je eine und die andere Klasse zu stellenden ganz ungleiche Constitution beizulegen. Die Ueberzeugung, dass Das nicht richtig sei und nur durch Beibehaltung der älteren Lehre vermieden werden könne, liess *Berzelius* lange — bis in die 1820er Jahre — der *Davy*schen Ansicht Widerstand leisten und wie in dem Chlor, der Salzsäure und deren Salzen auch in dem Jod und den entsprechenden Verbindungen desselben einen wenn gleich nicht experimental zu erweisenden Sauerstoffgehalt annehmen; aber schliesslich musste auch er davon abstehen, in dieser Weise eine einheitliche Betrachtung aller Säuren und aller Salze aufrecht halten zu wollen. — Andererseits wurde bald auch für sauerstoffhaltige Salze und als Hydrate aufgefasste freie Säuren die ältere Lehre als unzulässig oder zweifelhaft beurtheilt. *H. Davy* bestritt von 1810 an, dass in den chlorsauren, dann auch, dass in den jodsauren Salzen so, wie es diese Lehre voraussetzen lasse, eine besondere Säure als der eine Bestandtheil enthalten und der Sauerstoff auf das Chlor oder das Jod und das Metall vertheilt sei. Dabei beharrte er auch, als er 1815 die Verbindung des Jods mit Sauerstoff erhalten hatte, welche nach der älteren Lehre als die wasserfreie Jodsäure anzusehen war; diese Verbindung sei wasserfrei gar nicht eine Säure zu nennen, werde zu einer solchen erst durch die Vereinigung mit Wasser, was wahrscheinlich auf der Wirksamkeit des in dem letzteren enthaltenen Wasserstoffs beruhe. Auch die freie Chlorsäure verdanke den Charakter als Säure wohl dem Gehalt an Wasserstoff, nicht dem an Sauerstoff; der Charakter des Chlorwasserstoffs als einer Säure sei in der freien Chlorsäure, der Charakter des Chlorkaliums als eines neutralen Salzes in dem chlorsauren Kali durch das Hinzukommen von Sauerstoff nicht geändert. Die Consequenzen, welche seine an den genannten Körpern dargelegte Bestreitung der älteren Lehre für andere ähnliche Körper habe, erkannte er an. Aber wenn auch *Davy* hervortreten liess, welchen Antheil das Vorhandensein von Wasserstoff in einer sauerstoffhaltigen Verbindung daran habe, dass dieselbe wirklich eine Säure sei, und wenn nach seiner Auffassung die Ersetzung dieses Wasserstoffs durch ein Metall ein sauerstoffhaltiges Salz entstehen lässt: die Ansicht hat er doch nicht ausgesprochen, dass eine solche Säure oder ein solches Salz aus dem Wasserstoff bez.-w. dem Metall als dem einen Bestandtheil und aus einem durch die Vereinigung der übrigen Elemente gebildeten zweiten Bestandtheil: einem sauerstoffhaltigen Radikal zusammengefügt sei; nicht als binäre, sondern als ternäre betrachtete er solche Verbindungen.

Diese durch *Davy* vorbereitete und manchmal ihm zugeschriebene Ansicht, durch deren Vertretung der Glaube an die Richtigkeit der älteren Vorstellung von den näheren Bestandtheilen sauerstoffhaltiger Säuren und Salze in wirksamerer Weise erschüttert wurde, ist zuerst durch *Dulong* 1815 vorgebracht worden. In einer Untersuchung über die Oxalsäure stellte dieser Forscher der Annahme, dass die getrocknete freie Säure aus wasserfreier Säure und Wasser bestehe, die nach seinem Erachten richtigere Betrachtung der freien Oxalsäure als einer Verbindung von Wasserstoff, oxalsaurer Salze als Verbindungen von Metallen mit Kohlensäure gegenüber. Von *Dulong's* Abhandlung ist nur ein dürftiger Auszug veröffentlicht worden, aber nach Dem, was er enthält, und was Gleichzeitige, die von dem Inhalt der Abhandlung Kenntniss hatten, darüber ausgesagt haben, war da die Kohlensäure als Bestandtheil der Oxalsäure und der Salze derselben dem Cyan oder Chlor verglichen und hat *D.* schon die Constitution auch anderer sauerstoffhaltiger Säuren in ähnlicher Weise wie die der Oxalsäure aufgefasst und die Möglichkeit erkannt, darauf hin solche Säuren und die Wasserstoffsäuren unter einen gemeinsamen Gesichtspunkt zu bringen. Specielleres ist darüber nicht mitgetheilt worden, weshalb *Dulong* es als wahrscheinlicher ansah, dass das bei der Bildung wasserstofffreier Salze aus Oxalsäure und Metalloxyden weggehende Wasser aus dem Wasserstoff der Säure und dem Sauerstoff der Base neu entstandenes, als dass es schon vorher ein Bestandtheil der Säure gewesen sei, und in wie fern die in seiner Abhandlung besprochenen Zersetzungen der oxalsauren Salze der schweren Metalle und der Erden in höherer Temperatur durch seine Deutung der Constitution derselben besser erklärt werden (bezüglich der ersteren Salze war ihm bekannt, dass mehrere durch Hitze oder Schlag zu Kohlensäure und Metall zersetzt werden).

Diese von der herkömmlichen Vorstellung über die näheren Bestandtheile der sauerstoffhaltigen Säuren und Salze abweichenden Ansichten fanden alsbald Beachtung, aber nicht Zustimmung; *Gay-Lussac* sprach sich 1816 gegen die von *Davy* und gegen die von *Dulong* vertretene sehr bestimmt aus. Weniger schroff äusserte sich bezüglich der letzteren 1822 und 1826 *Berzelius*, welcher anerkannte, dass sie den Vortheil biete, alle Salze als analog constituirte Substanzen betrachten zu lassen, aber auf eine Anwendung derselben in dieser Richtung ging er damals und später nicht ein. In Vergessenheit kamen jene Ansichten nicht; an sie wurde auch in der nächstfolgenden Zeit ab und zu erinnert, aber sie fassten nicht festeren Fuss. Der Vortheil, welchen *Dulong's* Ansicht für eine einheitliche Auffassung der sauerstofffreien und der sauerstoffhaltigen Säuren und Salze bot, erschien fast Allen als überwogen dadurch, dass nach ihr in den letzteren Verbindungen eine grössere Zahl ganz hypothetischer sauerstoffhaltiger Bestandtheile anzunehmen wäre als nach der älteren Lehre; dafür, von dieser abzugehen und an Stelle der ihr entsprechenden allgemein gebräuchlichen Nomenclatur und Formulirung eine andere einzuführen, schien genügender Grund nicht gegeben zu sein. Auch *Dumas* sprach sich noch 1836 dahin aus, die Ansichten *Davy's* und *Dulong's* seien zur Zeit zurückzuweisen, wenn er auch zugab, dass in jedem Augenblick eine neue Entdeckung sie das Uebergewicht über die ältere Lehre gewinnen lassen könne (als gegen jene Ansichten sprechend führte er auch an, dass nach ihnen die so leicht in einander übergehenden verschiedenen Modificationen der Phosphorsäure Wasserstoffverbindungen ganz ungleich zusammengesetzter Radikale sein würden). Günstiger beurtheilte jene Ansichten damals schon *Liebig*. In der von ihm gemeinsam mit *Pelouze* 1836 veröffentlichten Untersuchung der Honigsteinsäure wurde — unter Erinnerung an die von *Dulong* für die Oxalsäure und die Salze derselben aufgestellte Ansicht — erörtert, dass die, damals noch als einbasisch aufgefasste und Dem gemäss $C_4H_2O_4$ formulirte Honigsteinsäure nicht als eine basisches Wasser enthaltende Sauerstoffsäure C_4O_3, H_2O, sondern als eine Wasserstoffsäure C_4O_4, H_2 zu betrachten sei, deren Wasserstoff in dem bei höherer Temperatur getrockneten Silbersalz durch Metall ersetzt ist. Und in dem 1837 von *Liebig* gemeinsam mit *Dumas* veröffentlichten Aufsatz über die Constitution einiger Säuren, in welchem (vgl. Anmerk. 35 u. 46) der Weinsäure und der Citronsäure an Stelle der vorher denselben beigelegt gewesenen Formeln den jetzigen entsprechende zuerkannt waren, wurde ausdrücklich darauf hingewiesen, dass die Formeln der Verbindungen dieser Säuren wie auch der Meconsäure und der Cyanursäure bedeutend vereinfacht werden, wenn man die freien Säuren als Wasserstoffsäuren betrachte und den in jeder mit einem zusammengesetzten Radikal vereinigten Wasserstoff als in den Salzen theilweise oder vollständig durch Metall ersetzt; damit erhalte die von *Dulong* für die Oxalsäure ausgesprochene Ansicht eine unerwartete Erweiterung.

An einige wichtigere von den Meinungsäusserungen war hier zu erinnern, welche vor der Veröffentlichung der vorliegenden Abhandlung *Liebig*'s darüber abgegeben worden waren, ob die Constitution sauerstoffhaltiger Säuren und Salze analog der der sauerstofffreien aufzufassen sei. Von grösserem Gewicht und tieferen Eindruck machend, als das bisher Vorgebrachte, war, wie *Liebig* da diese Frage eingehender erörterte und von neuen Gesichtspunkten aus beurtheilte; es ist von eingreifender Bedeutung für die Ausbildung der die Säuren und die Salze betreffenden Lehre geworden. Durch seine Darlegungen wurde für Viele die Ueberzeugung begründet, dass die von ihm vertretene Ansicht mindestens gleichen und wohl mehr Anspruch darauf machen könne, als die richtige zu gelten, wie die ältere

Vorstellung; und wenn die der letzteren entsprechende Nomenclatur und Formulirung sauerstoffhaltiger Säuren und Salze noch in der nächsten Zeit die gewöhnlich gebrauchte blieb, sah doch eine stets wachsende Zahl von Chemikern darin nur noch etwas Conventionelles, nicht mehr den Ausdruck dafür, wie die Constitution dieser Verbindungen wirklich sei. Damit, dass zur Anerkennung gebracht wurde, ganz allgemein seien eigentliche Säuren wasserstoffhaltige Verbindungen, in denen Wasserstoff vertreten werden kann durch Metalle, ist die Brücke geschlagen worden, über welche die Chemie von der vorher herrschenden Annahme näherer Bestandtheile der sauerstoffhaltigen freien Säuren und Salze weg- und so weit gekommen ist, dass nachher, unter Abgehen von der zunächst noch gemachten Voraussetzung zusammengesetzter Radikale als gesonderter Bestandtheile solcher Körper, die Ansichten über die Constitution der letzteren sich zu den jetzt geltenden gestalten konnten.

49) *Zu S. 55.* Die hier erwähnte Säure ist die später als Oxalursäure benannte.

50) *Zu S. 57.* Die Annahme, dass die wässerige Lösung eines Haloidsalzes und auch ein Hydrat eines solchen die aus der entsprechenden Wasserstoffsäure und dem Oxyd des betreffenden Metalls als näheren Bestandtheilen zusammengesetzte Verbindung enthalte, wurde damals noch von manchen Chemikern, jedoch nicht von *Berzelius*, gemacht.

51) *Zu S. 60.* Nitroschwefelsäure hatte *Pelouze* die jetzt als stickoxydschweflige oder Dinitrososulfonsäure bezeichnete Säure genannt, für deren Salze er 1835 die der angegebenen Formel entsprechende Zusammensetzung bestimmte.

52) *Zu S. 60.* Es scheint die von *Berzelius* als Kohlenschwefelwasserstoffsäure, dann gewöhnlicher als Sulfokohlensäure u. a. bezeichnete Trithiocarbonsäure CS_3H_2 gemeint zu sein.

53) *Zu S. 60.* Es ist Bezug genommen darauf, wie *Liebig* 1836 auf Grund seiner Untersuchung der durch *Winckler* 1832 entdeckten Mandelsäure die Constitution der letzteren betrachtete.

54) *Zu S. 61.* Das hier Gesagte bezieht sich wohl darauf, dass *Gay-Lussac* u. *Liebig* 1824 angegeben hatten, bei der vollständigen Zersetzung des Knallsilbers durch wässerige Salzsäure resultire neben Chlorsilber und Blausäure eine eigenthümliche, aus Kohlenstoff, Stickstoff, Chlor und wahrscheinlich auch Wasserstoff bestehende Säure, in welcher $2\frac{1}{2}$ mal so viel Chlor

86 Anmerkungen.

enthalten zu sein scheine als in dem gleichzeitig gebildeten Chlorsilber.

55) *Zu S. 62.* Metameconsäure = Komensäure; vergl. Anmerk. 4.

56) *Zu S. 64.* Die hier mit der Cyanursäure zusammengestellten Verbindungen waren 1834 von *Liebig* als von dem Schwefelcyanammonium aus zu erhaltende Körper untersucht worden. Die von ihm gegebenen und die jetzt für sie anerkannten Formeln sind, einfachst geschrieben:

	Liebig's Formeln	Jetzige Formeln
Melamin	$C_6 N_{12} H_{12}$	$C_3 N_6 H_6$
Ammelin	$C_6 N_{10} H_{10} O_2$	$C_3 N_5 H_5 O$
Ammelid	$C_6 N_9 H_9 O_3$	$C_3 N_4 H_4 O_2$
Cyanursäure	$C_6 N_6 H_6 O_6$	$C_3 N_3 H_3 O_3$.

Die letzteren Formeln sind den ersteren entsprechende, ausser bei dem Ammelid, für welches die neuere Formel durch *Gerhardt* 1844 aufgestellt wurde. Auf die lange sich hinziehende Discussion ist nicht einzugehen, welche Zusammensetzung dem eigentlichen Ammelid zukomme und ob zwei sich ähnliche Verbindungen existiren, von welchen die eine die durch die eine, die andere die durch die andere Formel ausgedrückte Zusammensetzung habe. Dem, was *Liebig* für diese Reihe von Verbindungen hervorhob: dass jede folgende sich von einer vorhergehenden durch das Eintreten von O an die Stelle von NH ableite, entspricht die jetzige Betrachtungsweise, nach welcher successive Ersetzung von Amid durch Hydroxyl statthat.

57) *Zu S. 65.* *Laurent* hatte von 1836 an die Grundzüge der nachher als Kerntheorie bezeichneten Betrachtung der organischen Verbindungen dargelegt, gegen welche *Liebig* in einer eingehenden Kritik derselben sich einige Monate vor der Veröffentlichung der vorliegenden Abhandlung ausgesprochen hatte.